一天一故事教出好孩子

父母的話語，孩子一生都受用

師尾喜代子◎著
向山洋一◎監修　李幸娟◎譯

本書原名為《說教的技術》，現易名為《一天一故事教出好孩子》

前言

期盼孩子健康快樂地成長，相信是普天下父母的共同願望。

你是否也會在每晚入睡前，像許多為人父母者一樣，拖著疲憊的身軀（也許還有一肚子工作上的氣），溫柔地為孩子們唸一篇床前故事呢？因為這可是一天當中唯一可以對寶貝講話的安靜時刻。而誰說這不正是因為父母對孩子的無限愛意呢？但相對地，孩子也正看著父母慈愛的身影，在時光飛逝間長大。父母的床前故事、父母的話，正如春風化雨般滋潤、灌溉著孩子的心靈，使孩子因而更堅強、更茁壯。而「父母的話」對孩子而言是何等重要，相信是大家了然於心的事。

我擔任日本朝日新聞報「兒童作文競賽」評審委員的時間已逾十年。在這十年間，從全國各地寄來的兒童作文共有十萬筆之多，其中有許多作品確實非常優秀而傑出。尤其是一些兒童們描述自己在發生困難時如何克服並破繭而出的文章，最是能打動評審們的心。

這些孩子在突破重圍、超越困境並重新站穩腳步的過程中，永遠扮演著關鍵角色的便是父母。許多時候都是因爲「父母的話」，使得一個徬徨失措的孩子重拾往日的信心與勇氣，並能夠重振其鼓，再次迎向人生的各種試煉與挑戰。

這個時候，評審委員們——委員長森山眞弓先生（原日本教育部長，現爲日本法務部長）、委員見城美枝子女士、柑也美沙子女士，便會不自覺地讚歎：「都是因爲不平凡的父母，才能造就出不平凡的孩子。」

那麼，這些父母是否都是三令五申的訓誡孩子一些「不平凡的話語」呢？答案顯而易見的，當然不是！本書便是摘錄一些教育學子有方的老師和父母「一定要告訴學子們的話」，篇篇都是用心良苦的話語，幫助你在教育你的寶貝時，能夠得到潛移默化、事半功倍的效果。

希望在下次夜深人靜、你的寶貝要就寢前，你能夠一篇一篇的唸給他聽。其中每一篇都代表了你一點一滴的愛，是一份又一份能夠深藏在孩子心中的禮物，更是一份又一份不能以金錢衡量的最不平凡、最珍貴的禮物。

對於寶貝最愛聽的故事，請你一遍又一遍地、不厭其煩地爲他唸吧！

就讓我們一起爲孩子的成長加油，也祈願天下所有父母的寶貝們都能夠健康快樂地長大！

另外，本書尚依孩子年齡程度的不同，特別劃分爲較適合小學低年級程度者（★）、適合小學中年級程度者（★★）以及適合小學高年級程度者（★★★），你可以參考這樣的劃分，選擇適合閱讀的章節。

TOSS代表・千葉大學特約講師　向山　洋一

本書故事部分由編者師尾喜代子以及本間明、島眉、芝田千鶴子、田中由美子、中濱麻美、山本純、佐佐木靜、前田茜、中村有希、福島隆史、池田千早等十二位小學老師執筆。

解說部分由監修者向山洋一先生執筆。

前言——向山洋一

第1章

預約一個**貼心善良**的小孩

〔第1話〕**皮塔的冒險之旅**——14
當小孩總是出言不遜時……
〔第2話〕**讓我們一起玩**——20
無法跟弟弟、妹妹和平相處時……
〔第3話〕**狐狸與白兔**——24
孩子總是自私自利時……
〔第4話〕**心靈相通的奧妙**——29
老是對同伴口出惡言時……
〔第5話〕**貓熊來了**——34
想要教導孩子愛護動物時……

★

★ ★ ★ ★ ★

第2章

預約一個**勇敢正直**的小孩

〈第6話〉**葡萄、橘子與香蕉的談話**——38
對自己沒有自信時……
〈第7話〉**哇！我好痛！**——42
教導孩子要將心比心時……
〈第8話〉**阪神大地震**——46
教導孩子當別人發生困難時，能夠適時地伸出援手……
〈第9話〉**忍耐一下，好不好？**——52
不由分說地放聲大哭時……
〈第10話〉**校長的話**——56
教導孩子分辨善與惡……
〈第11話〉**「假面超人」的人氣祕訣**——61
做事總是半途而廢時……

★ ★ ★★ ★ ★ ★★

第3章

預約一個開朗樂觀的小孩

〈第12話〉獅子與老鼠——65
培養一個充滿自信的孩子……
〈第13話〉葡萄園裡的寶藏——70
當孩子埋頭苦幹卻仍看不到結果時……
〈第14話〉惡作劇的告白——74
當孩子說「最討厭媽媽」時……
〈第15話〉外套不見了——79
孩子被欺負或欺負別人時……
〈第16話〉肯德基爺爺的故事——84
碰到困難就輕言放棄時……
〈第17話〉大便很髒？——92
不願意在學校上大號時……

〈第18話〉尋找好事——97
覺得只有自己倒霉時……★★
〈第19話〉「早安」魔咒——102
當孩子要開始一段新生活時……★
〈第20話〉永永遠遠的好朋友——106
當孩子的好朋友要搬家或轉學時……★★
〈第21話〉足球教練的選擇——110
當有事與願違的事情發生時……★★
〈第22話〉「笑」的神奇力量——116
當孩子陷入不安的情緒當中時……★★
〈第23話〉戰勝病魔的女孩——121
當孩子失去戰鬥力時……★★
〈第24話〉我要開動了！——125
全家人一起用餐時……★

第4章

預約一個**努力堅強**的小孩

〔第25話〕**堅強可愛的蒲公英**——130
教導孩子大自然的神奇與偉大……★

〔第26話〕**一天當中煮了二十次飯的人**——133
教導孩子努力不懈、不輕言放棄……★★★

〔第27話〕**棒球選手的毅力**——138
培養孩子能夠從挫折中重新振作……★★

〔第28話〕**世界上最好吃的東西**——144
當孩子討厭吃飯時……★

〔第29話〕**驚奇超人的巧克力贈品**——149
希望孩子能夠用心思考時……★★

〔第30話〕**做出最棒的超超人**——154
引導孩子盡最大的努力時……★★★

第5章

預約一個**聰明健康**的小孩

〈第31話〉**什麼事都不用做的工作**——159
希望孩子打起精神時…… ★★★

〈第32話〉**肥胖的原因**——163
當孩子太胖時…… ★★

〈第33話〉**睡眠充足的好處**——170
培養早睡早起的好習慣…… ★

〈第34話〉**不可思議的松果**——175
希望孩子懂得愛惜大自然時…… ★★

〈第35話〉**廣場上的大石頭**——178
希望孩子能夠自動自發時…… ★

〈第36話〉**看書讓我們的心靈更豐富**——183
希望孩子愛看書時…… ★★

〈第37話〉哭泣的腳踏車——186
想要改正孩子的三分鐘熱度時……
★
〈第38話〉不聽從命令的船伕——191
希望孩子能夠鼓起勇氣說實話時……
★★
〈第39話〉小蜜蜂力量大——196
想要告訴孩子力量與力氣的差別時……
★
〈第40話〉心靈的一盞燈——199
希望孩子能夠運用智慧時……
★★★
結語——師尾喜代子

第1章

預約一個

貼心善良的小孩

第1話

皮塔的冒險之旅

當小孩總是出言不遜時……

★

在一個小小的水井裡，住著十隻綠油油的青蛙。

其中，有一隻青蛙老愛鼓著大大的肚子，一副非常神氣的樣子。

有一天，他扯開喉嚨，大聲的嚷著：「你們大家看！有誰能夠像我一樣，舉得起這麼重的東西呢？我可是全世界最強壯的青蛙！我是偉大的青蛙國王！」他一邊說，一邊高高的舉起一顆又圓又大的雞蛋。

其他的青蛙很怕他威武強壯的樣子，所以只能聽從他的話，不敢有一點違背。但大家臉上露出了驚恐的表情，沒有一絲笑容。

這一天，一隻叫皮塔的青蛙，趁著水井裡的青蛙國王不注意，奮力一跳，跳出了黑暗的水井，逃離水井裡青蛙國王的控制。

「世界上難道沒有比水井裡的青蛙國王更強壯的青蛙了嗎？」

皮塔一邊想一邊拚命地逃離水井。在辛苦逃亡一個晚上之後，他終於來到一個大池塘。在這個池塘裡，住幾百隻青蛙。其中，也有一隻大家的國王。

「你們大家看！有誰能夠像我一樣，舉起這麼重的東西呢？我可是全世界最強壯的青蛙！我是偉大的青蛙國王！」

說著，池塘裡的青蛙國王舉起了一個比雞蛋更大、更圓的鴕鳥蛋。

皮塔看到這一幕景象，驚訝得說不出話來。

「世界上果然還有比水井裡的青蛙國王更強壯的青蛙！」

同樣的，池塘裡的其他青蛙，也因爲害怕青蛙國王威武強壯的樣子，只能聽命行事，不敢有任何違背。但大家的臉上都顯露出驚恐的表情，沒有一絲開心。

於是，皮塔又趁著池塘裡的青蛙國王不注意，奮力地跳離池塘，繼續他的冒險旅程。

「世界上難道沒有比池塘裡的青蛙國王更強壯的青蛙嗎？」

在辛苦逃亡了一個晚上之後，他又來到一個大湖泊。在這個湖泊裡，住了幾千隻青蛙。其中，也有一隻大家的國王。

「你們大家看！有誰能夠像我一樣，舉起這麼重的東西呢？我可是全世界最強壯的青蛙！我是偉大的青蛙國王！」

說著，湖泊裡的青蛙國王舉起了一個比鴕鳥蛋更大、更圓的鱷魚蛋。

皮塔看到這一幕景象，同樣驚訝得說不出話來。

「世界上果然還有比池塘裡的青蛙國王更強壯的青蛙！」

其他在湖泊裡的青蛙，都很怕他們的青蛙國王，只好照著他的命令行事，不敢有違背。但大家也都是一副驚恐的樣子，沒有一絲笑意。

於是，皮塔又趁著湖泊裡的青蛙國王不注意，奮力地跳出了湖泊，繼續他的冒險旅程。

「世界上難道沒有比湖泊裡的青蛙國王更強壯的青蛙了嗎？」

再次辛苦逃亡一個晚上之後，皮塔終於累得睡著了。睡夢中，他隨著河川流進了一片汪洋大海裡。

當皮塔睜開眼睛時，眼前是一片湛藍大海。在這個海洋裡，住了幾萬隻青蛙。其中，也住了一隻大家的國王。

「你們大家看！有誰能夠像我一樣，舉起這麼重的東西呢？我可是全世界最強壯的青蛙！我是偉大的青蛙國王！」

說著，海洋裡的青蛙國王舉起了一個比鱷魚蛋更大、更圓的恐龍蛋。其他的青蛙因為害怕他威武強壯的樣子，也只能聽命行事，不敢違背。不過大家也都是一臉驚恐，沒有一絲笑意。

就在這時候，皮塔說話了。

「親愛的大王，我是一隻原來住在水井裡的小青蛙。住在水井裡時，我一直以爲，水井裡的青蛙國王是世界上最強壯的青蛙。但是，在冒險旅程中，我見到了比水井裡的青蛙國王更強壯的池塘裡的青蛙國王。接著，我又遇見了比池塘裡的青蛙國王更強壯的湖泊裡的青蛙國王。現在，我又遇見了比湖泊裡的青蛙國王更強壯的大海裡的青蛙國王，就是您。因此，我相信在這個世界上的某一個角落，一定有比您更強壯的青蛙！」

聽了皮塔的話，大海裡的青蛙國王非常生氣，大聲的對皮塔說：「那就請你把他帶來這裡，讓大家見識見識！」

皮塔不發一語的點了點頭後，就奮力的游向了寬闊的大海。

那麼，在那之後，皮塔是不是眞的又遇見了更強壯的青蛙國王呢？

當然遇見了。但是，皮塔卻沒有再回到大海裡的青蛙國王那兒去。這又是爲什麼呢？

不久之後，大海裡的青蛙國王收到了一封信。

親愛的大王：

我已經遇見了比大王您更強壯的青蛙國王了。不過，雖然他很強壯，卻從來不曾炫耀自己的威武強壯來使別人懼怕他。雖然這裡住了幾百萬隻青蛙，但是，每一隻青蛙都快樂的生活著。在這個廣大的世界裡，想要成爲最偉大的青蛙國王，只有強壯威武是不夠的。世界上最偉大的青蛙，必須是一隻最強壯、最溫柔、最聰明的青蛙！希望有一天，我也能成爲這樣的青蛙。現在，我已經來到世界上眞正最偉大的青蛙王國，而且我要永遠住在這裡，不再逃亡冒險了！

皮塔

◆擁有一顆寬闊的心，便能成為一個善良的人

小朋友最喜歡反覆出現的故事情節，因為他們可以預見故事的發展結果。本篇故事正是深受小朋友喜歡的故事類型之一。這類故事之所以受到歡迎，可能是因為小朋友可以隨著故事情節的發展，預測小青蛙皮塔的冒險過程，甚至可以想像自己正跟著小青蛙皮塔一起冒險犯難，體驗那種新鮮與刺激的感覺。

藉由這篇故事，我們可以傳達給小朋友一個重要的訊息，那就是：真正的偉大，並不是

靠外表的虛張聲勢。真正的偉大，必須是堅強、善良，並且充滿智慧的。正如一些受人歡迎的卡通人物，無論是超人、麵包超人，甚至是各種被人稱為英雄的人物，都是強壯、善良並且聰明的人物。

當然，本篇故事還可以引申出「人外有人，天外有天」的道理，也就是人不能因為一點小小的成就便目中無人。尤其小朋友們如果能夠多認識世界上各種不同的人，以及這個多采多姿的世界，將更能培養出寬闊的心靈。

此外，這篇故事還有一項重要的訊息，就是：大部分一些說話乖張的小孩，其實多是本性善良的孩子，但卻常常由於說話沒有分寸，引起許多不必要的麻煩。要知道，如果孩子們不斷因為說話不當而常使自己置身於麻煩之中，久而久之，便會因為麻煩所帶來的壓力，終致演變成性格扭曲乖張的孩子了。

事實上，小朋友說話的方式多半是從大人那裡學來的。許多時候，你可能會對小朋友的模仿力感到很驚訝，覺得他們怎麼可以把你不經意說出口的話學得這麼維妙維肖，連一些不好聽的話都表達得很傳神，這時你心裡想必都要苦笑著：「不必學得那麼像吧！」

在這裡，我不得不提醒您，小孩可是一面會反射您的鏡子呢！

第2話

讓我們一起玩

無法跟弟弟、妹妹和平相處時……

★

「我弟弟是個自大狂，眞討厭！」

「妹妹老是愛動我的東西，最討厭了！」

眞不敢相信孩子現在怎麼逢人就開始抱怨這些事情呢！還記得不久前，孩子還繞著爸爸、媽媽說：「我想要一個弟弟或妹妹，我想要當哥哥（或姊姊）！」現在怎麼一切都變了呢？你可以對他說下面這則故事，陪著他找回曾經想要一個弟弟或妹妹時的心情。

◆

在我唸小學二年級時，妹妹出生了。由於妹妹出生在五月植物發出嫩芽的季節，因此，爸爸媽媽便幫她取名叫「芽衣」——好可愛的名字呢！

我常常跟在媽媽後面，推著娃娃車上的小芽衣去公園散步。小芽衣非常喜歡散步，每到出門散步前，她就會激動的揮著小手，好像在告訴我和媽媽：「我最喜歡散步了，眞開心！」

每次我和小芽衣說話，她也會高興的咿咿呀呀地回答我；這時的小芽衣眞是可愛極了！

媽媽還跟我說：「小芽衣很喜歡姊姊喔！只要看到姊姊都很高興呢！」

聽到媽媽的話，我就感到更開心了。

我也常常陪著小芽衣在家裡玩玩具。小芽衣最喜歡的玩具是小兔子布偶——咪咪。每當小芽衣哭了，只要拿小兔子咪咪給她看，她就會破涕爲笑。

但最近小芽衣卻變得不再喜歡小兔子咪咪，甚至還會把它亂扔。每次我好心撿回來，她卻又「咻」的一聲把它扔出去。不管我撿多少次，她都不領情。

「小芽衣不乖，姊姊不跟你玩了！」

媽媽聽到我這樣說的時候，就跟我說：「當你和小芽衣一樣年紀時，不管給你布娃娃還是玩具、花朵，你也是像小芽衣一樣，馬上把它們『咻』的一聲扔掉。就算我們告訴你：『你看，這個玩具好可愛唷！』你還是一樣把玩具扔掉。不過，這代表小朋友要長大了喔！代表他們開始注意到玩具以外的東西了，因此，你不應該生氣喔！我和爸爸在你小的時候，可不會爲了這種事跟你生氣喔！」

「眞的嗎？我小時候也會這樣亂扔東西嗎？」

雖然我已經完全不記得自己小時候也這樣亂扔東西，但是聽媽媽這麼說，也就不再那麼生氣了。

但是，小芽衣你聽姊姊說喔！

每次你大便或尿尿後，姊姊都很辛苦的幫你擦屁屁、換褲褲。雖然姊姊有點笨手笨腳的，但是姊姊已經很努力了呢！還有，每次幫你擦屁屁、換褲褲時，媽媽都只會稱讚你：「哎呀！小芽衣便便了呢！小芽衣好厲害呢！」卻沒有注意到我幫你換褲褲也很厲害呢！這可能因爲我是姊姊的關係。

姊姊還常常夢見跟你手牽手到公園去玩呢！就是我們家旁邊那個公園啊！我們一起盪鞦韆、一起堆沙子，還堆了一座很大的沙丘城堡喔！姊姊好想牽著你的小手一起去跑步，不過你放心，姊姊一定會等你，因爲姊姊知道小芽衣一定跑得比姊姊慢。

姊姊每天都耐心的等待這一天的到來喔！雖然已經等了好久，但姊姊一定會繼續等下去，因爲我最最愛小芽衣了！

所以，小芽衣，你也要記得喔！姊姊在小芽衣長大以前，曾經很努力的當一個等你長大的姊姊呢！

◆

這篇文章是不是充分表現出姊姊對小芽衣的愛？小芽衣對姊姊報以可愛的微笑，不就是因爲感受到姊姊的愛呢？

小朋友，你有沒有想過，在這個世界上有這麼多小朋友，而老天爺卻讓你和你的兄弟姊妹成爲一家人，這是不是很難得呢？因此，你是不是應該珍惜這種難得的緣分呢？聽完這篇故事，你是不是應該像從前一樣，笑著告訴弟弟或妹妹們：「我們一起玩吧！」

◆常常提醒孩子，擁有兄弟姊妹是多麼幸福的事

由於「少子化」的關係，很多孩子是獨生子或獨生女，很難有機會可以體會所謂的手足之情。但即使如此，許多有兄弟姊妹的家庭，因為兄弟姊妹之間一次又一次如家常便飯似的爭吵，也讓父母傷透了腦筋。其實，父母並不需要過分擔心，因為許多孩子會從兄弟姊妹間的爭吵中學習忍讓，以及為別人著想，甚至了解到無論經過多少次爭吵，都能和好如初。

在這篇文章中，當姊妹之間發生不愉快時，母親適時的告訴姊姊「爸爸媽媽也曾經一樣的容忍你」，讓姊姊了解到，在妹妹長大前的一些必經行為，自己也必須學著像父母包容自己一樣的包容與體諒妹妹。而且經過母親的說明之後，本篇故事中的姊姊也能夠充分的了解並接受，如此，從一些手足間的不愉快，讓兄姊學習寬容，學會成熟、長大，並且也使他們知道維持家庭和諧與溫馨的重要。

藉著父母講述哥哥姊姊曾經有過的錯誤行為與父母的處理態度，打開兄姊們包容與體諒的心。而哥哥姊姊對弟弟妹妹的包容、體諒與引導，正是凝聚家庭的一股重要力量，這一點更是難能可貴的重要教育。

第3話

狐狸與白兔

孩子總是自私自利時……

★

有一天，狐狸與白兔一起在一片田野上耕種。

「小白兔，你看我們這麼努力耕種，一定會有很好的收穫。」

「對啊！等到收成時，就讓我們一人分一半吧！」

狐狸想了想說：「小白兔，我看這樣吧！等收成時，長在泥土上的東西歸你，長在泥土下的東西歸我，你說好不好？」

小白兔覺得這樣的提議很好，便欣然同意了。然後，他們每一天都同心協力的努力耕種，期待著收成的日子。

終於，收成的時候到了。

「我們就依照原先的約定，長在泥土下的東西全部歸我囉！」狐狸一邊說，一邊把泥土下一根根又大又肥美的胡蘿蔔全部拔起來搬回家去。白兔只好把留在泥土上的胡蘿蔔葉子撿一撿帶回家去。

過了一年，春天來了，又是一個適合栽種的季節，狐狸與白兔又開始忙著在田野上耕種。這時，白兔擦了擦額頭上的汗水說：「狐狸，這次收成後，長在泥土上的東西歸你，泥土下的東西就歸我，好不好？」

「當然好囉！」狐狸不假思索的回答。

於是，兩個人一樣每天辛勤的耕種著。

終於，收成的時候又到了……

「白兔，那長在泥土上的東西，我就全部帶回家囉！」

說著，狐狸便把長在泥土上鮮豔欲滴的果實全部搬回家了；原來，他們這次種的是番茄。白兔只好紅著眼眶，傷心地看著狐狸離去的背影，然後回頭把長在泥土下的番茄根部一一撿回去。

過了一陣子，又到了耕種的季節，狐狸與白兔又來到了田野前準備耕種。這時，白兔先開口說：「狐狸，這次就讓我一個人耕種吧！收成後的東西就全部歸我吧！」

狐狸想了想說：「好吧！」說完，便離開田野回家去了。

接下來的每一天，白兔還是努力的在田裡耕種。狐狸卻開始不安起來。他回想著前兩次的耕種，每天最早到田裡耕種的是白兔；夏天豔陽高照時，在田裡辛苦除草的是白兔；每天幫植物澆水、爲植物插支柱，使它不會傾倒的，也是白兔；完成這些辛苦工作的，好像都是白兔。而自己呢？自己又做了什麼呢？每次除草時，自己總是只顧著聊天，根本忘記手上的工作；夏天豔陽高照時，便趕緊躲在樹蔭下乘涼，留下白兔一個人在田裡辛苦的工作。最糟糕的是，自己根本早就知道前兩次耕種的東西是胡蘿蔔與番茄。

連著兩次自私自利的行爲，就算脾氣再好的白兔，一定也生氣了吧！以後，白兔再也不會理自己了吧！再也不願意和他一起下田耕種，兩個人再也不會是好朋友了！想著想著，狐狸忍不住後悔起來。

但是，到了收成的那一天，狐狸家的門鈴突然響了。狐狸走到大門前，打開門一看，竟然是白兔。

白兔正抱著一大束花，站在狐狸家門前。

「祝你生日快樂！」白兔高興的說道。原來，今天是狐狸的生日呢！

「這是我在田野裡栽種的花喔！因爲要把它們當作你的生日禮物，所以我想要一個人栽種。」

狐狸驚訝得說不出話來，覺得既高興又慚愧。白兔爲了自私自利的自己，竟然親手栽種了花，要送給自己當作生日禮物。自己是那麼幸運，能夠擁有一個如此善良的朋友！而自己又是如何對待這麼一個善良的朋友呢？狐狸再也忍不住，慚愧的啜泣起來。

「謝謝你，白兔。我以前不應該那樣對你，眞的對不起！」

「沒有關係，我們是好朋友啊！」

「你眞的願意原諒我嗎？我們眞的可以再當好朋友嗎？」

白兔點了點頭。於是，兩個人又一起開心的開了一個小小的派對來慶祝狐狸的生日。

從此以後，狐狸再也不自私自利了，因爲他知道，眞誠的友誼是多麼珍貴，而失去朋友會多麼悲慘！

◆教養一個溫柔而堅強的小孩

故事中的兩位主角，是誠實溫柔的白兔與狡猾奸詐的狐狸。在幼稚園與小學低年級的學生中，常常可以看到類似這兩種性格的學生。一種是個性好、穩健，並且自得其樂的孩子；一種則是擁有小聰明並投機取巧的孩子。

絕大多數人的性格中，都同時並存著天使與惡魔。人與人之間會引起爭吵，大部分也是由於雙方同時展現了惡魔之心。但在現實生活中，像白兔一樣會一再容忍別人惡意的人，畢竟非常少。而像狐狸一樣做錯事又懂得自我反省的孩子也不多見。就像故事中的狐狸一樣，孩子常常必須在失去朋友、嘗到寂寞的滋味後，才終於懂得反省自己不好的行為是無法贏得任何友誼的。

當然，在教養孩子時，父母除了希望可以教養出一個像白兔一樣溫柔善良的小孩外，同時也希望可以教養出一個像狐狸一樣，懂得生存技巧與人性善惡、剛柔並濟的孩子。因此，媽媽們在講述本篇故事時，應該要能同時講述兩個主角個性的優點與缺點，讓孩子能夠分辨人性中善與惡的多層面，而非讓他們只體驗人性好的一面，而完全無法招架人性中惡的一面。更何況，小白兔在碰到獅子、老虎時，通常也都懂得拔腿就跑、逃之夭夭呢！可別讓我們的孩子到頭來像一株只能生存在溫室裡的花朵，禁不起任何的風吹雨打。

第4話

心靈相通的奧妙

老是對同伴口出惡言時……

★

有一天，五歲的小強牽著爸爸、媽媽的手，快樂的在公園散步。小強邊唱著歌，邊看著親愛的爸爸、媽媽，非常開心。突然，小強的歌聲停止了，因爲迎面而來的是一個叔叔和一隻看起來非常兇猛的大狗。這時，小強不由自主地想轉身逃跑。

「不怕、不怕，爸爸、媽媽在這裡保護你喔！」於是小強打消了逃跑的念頭，站在原地，一動也不敢動。然後，叔叔與大狗慢慢地走近了他的身邊。

「好可怕喔！」最後這一刻，小強還是害怕得放聲大哭。

「汪！汪！汪！」狗狗也不明就裡地大叫。於是，小強的哭聲加上狗狗的吼叫聲，當場一陣混亂。

「沒事了，沒事了，不怕、不怕，狗狗是很可愛的動物喔！」媽媽趕緊抱起小強，拚命的安慰他，但小強卻哭得更傷心了。這時狗也繼續跟著狂吠。

「小朋友，你不要哭啊！這樣會嚇到狗狗呢！」狗主人說話了。

小強聽到叔叔說的話，忘記了哭泣，睜大眼睛看著他。

「小朋友，你先不要哭。你看看狗狗的尾巴是不是緊緊的夾在兩條後腿之間呢？這代表狗狗也被你嚇到了呢！」

小強低頭看了看，果然像叔叔說的，狗狗的尾巴正緊緊的夾在兩腿之間，腿還不停地顫抖呢！原來狗狗也會害怕啊！小強開始覺得狗狗沒有那麼可怕了。

「其實，你可能覺得狗狗很可怕，所以才忍不住哭了。但你的哭聲卻讓狗狗覺得發生了什麼可怕的事情，因此也跟著你害怕得叫個不停。你看，你現在不哭了，狗狗是不是也不再叫了？」

果真在小強停止哭泣後，狗狗也不像剛才那樣發瘋似的狂吠了。

「原來狗狗並沒有那麼可怕。」小強心裡明白了。

「你要謝謝叔叔告訴你狗狗的事喔！」爸爸、媽媽這樣告訴小強。

「謝謝叔叔！」

小強笑了笑，狗兒也乖乖站在旁邊，安靜的看著主人。

其實動物也像人一樣，可以感受到別人是害怕或喜悅，而人跟人之間，更可以互相感受並感染各種情緒。

你有沒有發現，如果你對一個人有好感，並想要和對方成爲朋友，你們大多眞的能變成好朋友。相反的，如果一開始就看對方不順眼，覺得和自己屬於不同類型，可能無法跟他成爲朋友，那麼你們變成朋友的機率自然就會降低許多。不過，你知不知道，最不可思議的事情是，當人與人相處時，你的感覺與想法會產生一股看不見的電波傳遞給對方，而對方也會像觸電一般，跟你有相同的感覺與想法。

如果人類眞的有這種心靈相通、互相感染情緒的能力，你覺得以下兩種人，哪一種人會活得自在一些呢？

・喜歡花草樹木、喜歡動物、喜歡唱歌、喜歡朋友、喜歡父母、喜歡兄弟姊妹、喜歡老師、喜歡一切生物，喜歡許許多多事物的人。

・討厭花草樹木、討厭動物、討厭唱歌、討厭朋友、討厭父母、討厭兄弟姊妹、討厭老師、討厭一切生物，看什麼都不順眼的人。

我想聰明的你應該已經知道答案。很明顯的，一個對各種事物充滿愛心，並且能夠將這種情緒傳達給所有人，使別人也感染到這種愛的訊息的人，一定比一個凡事看什麼都不順眼的人，要快樂自在多了。如果人跟人之間眞的有所謂的心靈相通，那麼，我們是不是應該傳達更多樂觀正面的訊息給別人呢？

◆將善意傳遞給對方，對方才會有善意的回應

這篇故事簡單生動地將生物間心靈相通的訊息傳遞描述出來。其實自己對別人的想法與態度，也常常會影響對方對自己的想法與態度，因此，人與人之間的應對進退就像一面鏡子，反映投射回自己身上。因此，許多時候，我們喜歡的人，常常也會很喜歡我們；我們討厭的人，也會莫名其妙的討厭我們。

當然，人的確可以選擇想要和什麼樣的人做朋友，而大人通常也能夠很快就判斷出自己與別人在價值觀或處事態度等的契合度，再決定要積極的跟對方做朋友，或圓融的拒絕對方。不過，由於孩子們還不具有這樣的成熟度與辨識能力，因此教導他們儘量想想同學們的優點是必要的。而且，人與人平日間的相處，本來就是要追求良好的互動，正如佛家所說的，「廣結善緣」。

然而，最糟糕的一種情況是，如果父母的感情疏離，常處於對立與爭執的情況，就很容易將這種人與人之間惡劣的情感與關係傳遞給小孩，使得小孩在無形中對人產生失望與懷

疑。在這種情況下，即使學校教育做得再好，也很難發揮應有的功能。相反的，如果父母的關係是親密而和諧的，小孩在自然而然的耳濡目染之下，也較能夠與同儕維持著親密與和諧的情感和關係。

此外，好朋友之間的爭吵是難免的。當孩子與親密的友人發生爭吵時，最好的辦法便是告訴他：「如果真的覺得合不來，就先找別的朋友玩吧！說不定以後你可能還是會覺得跟○○一起玩比較有趣，等到那時候，你們再一起玩吧！」

許多時候，當孩子冷靜下來後，通常還是會再跟朋友和好如初。在我漫長的執教生涯裡，發現無論是哪一種小孩，都有其可取之處。因此，當小孩對朋友不友善時，你便應該教導他們儘量想想同學們的優點，並試著唸這一篇故事給他聽，適時的引導他。

第5話

貓熊來了

想要教導孩子愛護動物時……

★★

你有沒有飼養過寵物呢？所謂的「飼養」，當然包括餵牠們吃東西。主人可以決定要餵寵物吃什麼、吃多少，因此寵物們的生命可說都掌握在主人的手裡。

很多小朋友興頭一來，便會跟父母吵著要買寵物，今天想買烏龜、明天想買金魚、後天想買變色龍、土撥鼠……。剛買來時，充滿新鮮感，成天愛不釋手，很珍惜的照顧牠。但過不了多久，便覺得每天照顧牠們、餵牠們是一件麻煩事。然後，因爲又有更好玩的事情可以做，變得根本懶得再看牠一眼。於是，餵養動物的責任便落到媽媽身上，媽媽只好被迫出面收拾小朋友不負責任的殘局。

你是不是也是這樣子呢？如果是，就請聽聽下面這則故事。下一回，當你想要再養寵物時，希望你能夠好好負起餵養與照顧寵物的責任喔！

貓熊第一次光臨日本，大約已經是三十年前了。當時，中國爲了對日本表示友好，送給日本兩隻圓滾滾的可愛貓熊。貓熊剛到日本時，住在上野動物園，不過卻搞得上野動物園的工作人員人仰馬翻。因爲貓熊沒有來到日本前，在日本根本沒有任何人有飼養貓熊的經驗。也就是說，即使是在上野動物園，也沒有人知道該怎麼飼養貓熊，甚至連貓熊該吃什麼也完全沒有頭緒。

後來，有人說：「貓熊不是吃竹子嗎？」

上野動物園的工作人員聽了之後，馬上準備了一大堆竹子，從最乾燥的到最新鮮的，一應俱全。結果，貓熊卻一口也不吃。原來，貓熊並不是吃竹子，而是吃竹葉。眞是枉費上野動物園的工作人員大費周章的把竹子削成一絲一絲的，希望可以讓兩隻可愛的貓熊飽餐一頓，沒想到還是讓兩隻貓熊餓了好久的肚子。

相信現在沒有人不知道貓熊是吃竹子的葉子了吧！但在當時，即便是這麼簡單的事，也沒有人知道。不過，還有一點要注意的就是，給貓熊吃竹葉時，可不是光把一大堆葉子給牠就好了，而是必須把帶有葉子的一整根竹子給牠，這樣，貓熊才能抓著竹子吃上面的葉子。如果你只把葉子給牠，牠可能會不知所措。

在解決了吃的問題之後，接下來必須解決的，是貓熊生病時怎麼辦？貓熊生病時該吃什麼藥，也幾乎沒有人知道。左思右想之後，便有人提出「中國的動物生病時，應該也像中國人一樣吃中藥吧！所以用中藥餵貓熊，牠應該比較能夠適應，也比較有效。」於是，大家便趕緊到中藥行買來相關的藥品，混在食物中餵食牠們。貓熊當時剛離開自己的故鄉，患了嚴重的思鄉病，在這種情緒不佳的情況下，使得身體也變得不好。再加上每天有成千上萬的人到動物園來看牠們，無形中更帶給牠們很大的壓力。所幸在動物園人員悉心照顧下，貓熊終於漸漸恢復了往日的健康活潑。

後來，在上野動物園所有工作人員的努力下，貓熊在上野動物園裡度過了健康愉快的七年。不幸的是，七年後，兩隻貓熊還是相繼病死了。雖然動物園的工作人員傾全力搶救，仍然無法挽留兩隻可愛貓熊的性命。

現在在上野動物園裡，我們仍然可以看到中國在那之後又贈與日本的貓熊。不過現在那些新來的貓熊能夠健康快樂的在上野動物園裡生活著，可全都要感謝最早的那兩隻貓熊，以及上野動物園工作人員的努力。因爲上野動物園的工作人員在照顧那兩隻貓熊的過程中，將貓熊的飼養經驗，努力又眞實的記錄了上百冊，這上百冊照顧貓熊的相關資料，便成爲日後照顧貓熊的重要依據，使得日後在飼養新貓熊的過程中變得順利許多。

◆

小朋友，你們是如何對待自己的寵物呢？

你有沒有像上野動物園的工作人員一樣，悉心努力的照顧寵物呢？如果是的話，就請繼續加油喔！

如果不是，那麼，你的寵物可能正等待你像動物園的工作人員一樣，能夠細心的照顧牠們。所以，請你也一定要加油喔！

◆教養一個富有責任感，並懂得愛惜所有生物的孩子

有一天早上，就讀國小三年級的小明到學校以後，便坐在座位上一動也不動，也不理任何人。導師發現後擔心小明是不是生病了，便問他：「你生病了嗎？身體不舒服要告訴老師喔！」小明搖了搖頭，卻突然淚如雨下，說不出話來。「是誰欺負你了嗎？告訴老師，不要怕！」小明還是搖搖頭，不發一語。這時，跟他一起上課的同學才偷偷告訴老師：「他們家的小狗東東，今天早上死掉了啦！」

原來如此，老師終於有了一點頭緒。

「小明，不可以哭喔！東東正在天國看著你呢！你覺得牠看到你這麼傷心，會怎麼想呢？你這麼傷心，會害牠也很傷心喔！知道嗎？牠一定希望看到你原來健康快樂的樣子，就

像從前牠在你身邊時一樣喔！你看，牠正在天國對你說『小明！加油！』呢！」

聽到老師這麼說，小明抬起頭，打起精神，並把眼淚擦乾。

雖然孩子們在面對寵物死亡時，都會像小明一樣傷心，但這對他們而言卻也是一個很好的人生經驗。除了讓他們了解生命無常的道理外，也希望他們能因而更懂得珍惜生命，並勇於為自己與寵物的生命負責。

第6話

葡萄、橘子與香蕉的談話

對自己沒有信心時……

小朋友，你們知不知道世界上栽種最多的水果是什麼？

答案是，第一名是葡萄，第二名是橘子，以及第三名的香蕉。

以下便是有關這三樣水果的故事。

★

從前有一個很美的水果莊園，裡面住了葡萄先生、橘子先生與香蕉先生三人。有一天，天氣很晴朗，葡萄先生、橘子先生與香蕉先生三人開始聊起天來。

葡萄先生說：「橘子先生、橘子先生，你身上明亮的橘色眞是好看，不像我身上的紫色，看起來黑漆漆的，眞難看！我眞羨慕你！」

聽了葡萄先生這麼說，橘子先生也說話了。「香蕉先生、香蕉先生，你細細長長的身體眞好看，不像我圓圓胖胖的，眞難看！我好羨慕你呢！」

這一次，換香蕉先生說話了。「葡萄先生、葡萄先生，你的臉蛋小小的眞可愛，不像我的臉是彎彎曲曲的，看起來眞醜！你才是我羨慕的對象呢！」

說完，三人彼此看了看對方後，長長的嘆了一口氣。這時，天空中的太陽公公說話了。「葡萄先生，你紫色的身體就像又深又廣的海洋，是那麼的壯觀美麗！橘子先生，你圓潤的身體就像小嬰兒一樣可愛，讓人忍不住想親一下！香蕉先生，你彎曲的身體就像夜空裡皎潔的明月一樣閃閃發光，是多麼的耀眼啊！無論是葡萄先生、橘子先生，還是香蕉先生，都各有讓人羨慕的地方，也就是因爲你們不一樣的顏色、形狀與長相，才顯得你們的獨一無二、更特別呢！你們三個，無論是哪一個，我都非常喜歡喔！」

葡萄先生、橘子先生與香蕉先生聽完太陽公公的話後，彼此又看了看對方，這次他們不再嘆氣，而是露出了愉快的笑容。

◆

大家有沒有想過，如果有一天，葡萄變得像橘子一樣那麼大，而橘子則變成像香蕉一樣細細長長時，那會是什麼樣子？

大家都知道，葡萄、橘子或者是香蕉，雖然長得都不一樣，但卻同樣都是好吃又受人歡迎的水果。

人類也是一樣，每個人的長相都不一樣，聲音也各有特色。有人長得高，有人長得矮；有人長得胖，有人長得瘦；甚至有人戴著眼鏡，有人沒有戴眼鏡。除了外表之外，每個人的個性也有所差異，有人喜歡在外面跟朋友一起玩，有人則寧可在家裡做自己喜歡的事。

想像一下，如果你和你的朋友們長得一模一樣，聲音也相同，動作也相同，做著一樣的事，說著一樣的話，會是什麼樣的結果呢？是不是根本像一群機器人一樣了？因此，如果你發現了自己和別人不一樣的地方，那是理所當然的，沒有什麼值得大驚小怪的，當然更不是什麼壞事。

如果你還是覺得別人有而自己沒有的，就是一種美麗，一件值得羨慕的事，那麼你是不是像水果莊園裡的水果一樣，正在做一件沒有意義的事呢？

你是不是應該像太陽公公一樣，找出自己的優點，然後欣賞它、保持它，並努力去發揮它，讓自己的人生更發光發熱呢？例如，你很會唱歌，就應該更努力唱得更好，讓大家可以欣賞到你美妙的歌聲。如果你很熱心助人，你就可以幫助自己的班級、家人，甚至是社區變得更好。加油吧！

◆幫助孩子發掘自己的優點與特長

有一首日本詩人做的詩歌「我和小鳥與鈴鐺」，詩中描述自己與小鳥、鈴鐺各有不同之處，其中一句詞是：「雖然大家都不一樣，但是大家都一樣好。」

就像詩歌所描述的，這篇故事中的葡萄、橘子、香蕉也都各不相同，卻也因而各自擁有獨特的魅力。另外，在本篇故事中幫大家發掘出各自優點與長處的，就是太陽公公這個角色。在現實生活中，大家很難發現自己的優點與長處。尤其是小朋友，更容易因為看見同學身上的優點而羨慕。當然，這並不是什麼壞事。許多時候，他們甚至會這樣告訴你：

「我也想像○○○一樣，和大家自然的打成一片，可以有很多好朋友。」

「每次○○○跌倒從來都不會哭，真的很勇敢。下次我跌倒的時候，也絕對不能哭。」

小朋友對同學優點的觀察，是非常具體又有根據的。最難能可貴的是，他們會有模仿的心理──「有一天，我也要像○○○跑得一樣快！」「我一定也可以像○○○一樣堅強！」等等。

不過光是一味的羨慕與有樣學樣，對人格的養成並不夠完整。因此，大人們必須幫助孩子努力發掘自己的優點與長處，並鼓勵孩子儘量維持、鍛鍊並發揮自己的優點與長處，以幫助孩子培養更深一層的自信心。當然，如果他們努力向心目中的偶像學習時，家人也該給予最大的鼓勵。

第7話

哇！我好痛！

教導孩子要將心比心時……

★ 大家知不知道有一句話叫「火上加油」。可想而知，在燃燒的火焰上倒下新油，必然會引起一陣熊熊大火。這句話常常用來形容一件原來就發展得不是很好的事，由於處理不當增添了新的變數，使整件事情變得更難收拾。

尤其是當我們碰到讓自己覺得痛苦、辛苦或後悔的事情時，如果只會一味的生氣，反而不能以冷靜的頭腦來判斷與處理事情，導致事情的發展愈變愈糟，如此一來，自己就是在「火上加油」。因此大家要記得，碰到任何事情一定要先耐住性子，不要輕易生氣，好讓你聰明的頭腦可以冷靜地想想該怎麼解決事情。

◆

有一天，三歲的小華在客廳玩耍，一下子丟球、一下子演超人，玩得不亦樂乎。小華的媽媽則在陽台上忙著洗衣服、曬衣服。因爲在小華玩耍的四周並沒有什麼特別危險的東西，因此媽媽雖然偶爾會回頭看看小華，但大致上仍然安心做著自己的事。好不容易洗完衣服、曬完衣服後，媽媽又回到屋裡把曬乾的衣服摺好。

「哇——」突然，小華不知道爲什麼大聲哭了起來。媽媽趕緊跑到小華身邊看看，原來小華玩耍時不小心跌倒了，還重重的撞到了茶几。媽媽抱起小華並安慰他。

「哎呀！眞糟糕！一定很痛喔！沒關係、沒關係，媽媽呼呼就不痛了！」媽媽輕輕地揉了揉小華的額頭，並在小華的額頭上親了好幾下。

終於，小華不再哭了。接著，他開始怪起了茶几。

「茶几壞壞，害小華痛痛！」小華露出委屈的表情說著。

媽媽看見了，便對他說：「小華，不可以這樣說喔！茶几剛才也被你撞得很痛呢！是你不小心撞到它的，它也覺得很痛喔！」

於是媽媽蹲下來揉了揉茶几說：「茶几不痛、不痛！對不起，你一定也很痛喔！我幫你呼呼就不痛了！」

之後，每當小華撞到茶几時，也會揉揉茶几說：「茶几不痛、不痛！對不起喔！我幫你呼呼！」

◆

當小華撞到茶几時，可以想見一定非常的痛。這時的小華一定是又痛又生氣，但如果媽媽也跟小華一樣只顧著生氣，而不做應有的處理時，只會讓小華撞到的地方腫得更大、更痛而已！無疑的，只顧著生氣，不過是在做一件「火上加油」的事情罷了。

當媽媽溫柔地安慰小華，並趕緊幫他揉揉額頭時，沒想到小華反倒生氣地怪起茶几來。這時媽媽耐心的告訴他，被他撞到的茶几也很痛，讓生氣的小華也藉此想想別人的處境，使他能夠冷靜下來。小華甚至從此還能夠反過來安慰茶几：「茶几不痛、不痛！」並且能夠想到撞到人的可是他自己呢！

小朋友，當你和好朋友發生爭吵時，是不是也能夠冷靜下來，甚至能夠關心對方要不要緊呢？下次，當你和好朋友發生爭吵時，記得想想這篇故事裡被小華撞到的茶几而了解到「別人也很痛呢」！

◆設身處地的為對方著想，往往能夠使事情圓滿解決

許多小朋友在犯錯時，會習慣性的把自己的過錯推諉給別人。例如，當小朋友在學校的操場或走廊上跟別人有身體上的碰撞時，常常都不願意先開口跟對方說：「對不起！」反而會急著將過錯怪罪在對方身上——「都是○○○，走路不看路。」「他老遠就看到我了，也不閃開！」等。

在許多爭吵的場合，往往只需要一句「對不起」，便什麼事也沒有了。而且大部分的人也都會在對方道過歉後，大方的回答：「沒關係！沒關係！」即使自己已經痛得眼淚在眼眶裡打轉了。

如果同學間常有爭吵衝突的狀況發生，學校的師長就常常會收到許多父母的投訴。不過，小朋友不可能永遠像溫室裡的花朵，父母也不可能永遠保護他們。因此，對於孩子們之

間的一些小爭吵，父母必須放手讓他們試著自己去解決。尤其平日必須教導孩子，人與人發生爭吵時，不管是哪一方，心裡都會不好受，因此應該冷靜下來替對方想想，而不要再把事情擴大。如此，孩子在學校的團體生活裡便能結交到許多好朋友，也更能體會到團體生活的樂趣，以及與同學們朝夕相處的情誼。

第8話

阪神大地震

教導孩子當別人發生困難時，能夠適時地伸出援手……

★★

一九九五年一月十七日，清晨五時四十六分，日本發生了一件讓大家永難忘懷的事，就是阪神大地震。

以下便是一位經歷當時恐怖經驗的人的一段談話。

那天，還在睡夢中，突然一陣天搖地動，接著便聽見身邊的家具乒乒乓乓地倒下來，甚至連天花板上的燈飾也因為猛烈的搖晃而掉了下來。由於事出突然，當時的我，腦筋一片空白，只覺得搖晃的時間怎麼這麼久。事後才知道，地震的時間只不過是短短的一分鐘。那時的天空，一片漆黑，四周不時傳來東西倒塌的劇烈聲響，其中更夾雜了人們一陣又一陣慘絕人寰的淒厲叫聲，那種絕望無助的慘叫是我從來沒有聽過的。當時我躲在一堆東倒西歪的家具與破碎燈飾的縫隙之間，伴隨著黑暗的夜，只剩下一顆加速跳動的心和不停發抖的身體。

後來我想起了家人，因為急著想要知道他們的狀況，於是我顫抖著身體，越過家具與破碎的玻璃走出房間。出了房間後才發現，客廳裡的家具及窗戶的玻璃也散落了一地。

「爸、媽，你們還好嗎？」

「我們沒事，你快過來我們這裡，小心一點喔！」

爸媽的房間也是一片凌亂，他們則擠在一堆東倒西歪的家具與床的空隙之間。

於是，我們三人決定離開屋子到外面去。一走出去才發現，屋子的天花板竟然裂開了，一些大柱子不但從二樓掉了下來，甚至二樓一整個樓層根本是搖搖欲墜的掛在殘破不堪的一樓上面，並完全擋住了一樓的出路。

幸好我們看到二樓的窗戶是開著的，於是冒險從二樓的窗戶爬了出去。到了外面，我們看到許多人正英勇的從一棟棟快要倒塌的樓層中拉出受困的人們，完全不顧樓層何時會轟然坍塌。那些人並不是警察，也不是消防人員，只不過是一些住在附近、充分發揮人飢己飢、人溺己溺的鄰居。

◆

另外，以下是另一則當時還就讀國中的學生對地震經歷的談話。

地震發生的當時，由於我睡得很熟，並沒有受到太大的驚嚇，但被周圍吵雜的聲音吵醒後，才發現自己竟然被夾在倒塌的牆壁與床的縫隙之間動彈不得。當時父親正努力想把我拉出去，最後，我拚了命的掙脫才總算脫困。

由於房屋倒塌又殘破不堪，不管想要帶走什麼都不可能了，只能兩手空空的離開。

逃出家後，父親決定撤退到附近的學校，以免因爲附近的房屋倒塌而被波及。於是，我們一家人在寒冷的清晨走著，雖然身體早已凍僵，但仍互相打氣：「就快到了！就快到了！」好不容易走到學校，發現學校裡早已聚集了許多逃難的人，甚至連走廊上、餐廳裡都有人席地而睡。最後，我們與其他上百人一起擠在一間柔道館裡。

因爲走了好久的路，早已經累壞了，我很想要好好的睡一下，可是接連而至的大大小小的餘震不斷把我從睡夢中驚醒，再加上學校到處都開著燈，使我睡得很不安穩。白天又因爲要幫忙照顧柔道館裡的其他小孩，我幾乎都沒有什麼睡覺。不過我卻不覺得苦，因爲在這種時候，你常常可以聽到大家互助合作的事情。

「剛才有一位不認識的太太送吃的給我。」

「剛才有一位不認識的先生把這條毛毯給我。」

因此，我也想盡一份小小的心力。

當時，國外第一支抵達日本的瑞士救難犬救難隊隊長，也這樣盛讚日本人：「在這一次的救援當中，我從日本人身上學到了許多。日本人的冷靜與沉穩，的確讓人印象深刻。在這個發生災難的地區裡，幾乎沒有傳出任何趁機搶奪的案件，這對警察等救難人員而言是非常重要的，因爲他們不必花費多餘的心力處理這些額外的事情，而能夠全心全意投入救援行動。這是我從事救援工作以來，未曾見過的最有規律的社會，也是一個能夠成熟面對困難，並且從困難中很快復原的社會。」

◆

在阪神大地震發生當時，災區中不時傳出人們互相幫忙的感人故事，當然並不只有以上這兩段故事而已。當時災區的人們並沒有耽溺在自己是如何悲慘，怎麼可能有餘力幫助別人的自怨自艾裡，而是看見需要幫助的人便適時的伸出援手互相幫忙，一起攜手共度難關。不僅如此，在日本全國各地也不斷有人加入救援行動。大家心裡想的都是：「但願能盡自己的一點心力！」

大家知道嗎？當發生困難時，如果每個人都能發揮自己一點小小的力量，那麼累積起來的力量會是非常可觀的！

◆讓孩子學習不同民族的偉大氣度

相信家長們一定也聽說了許多當時的日本受災戶是如何歷經千辛萬苦，才走出阪神大地震所帶來的創傷與陰影吧！把這些日本人面對巨大困難時，是如何排除艱難，再度重建家園的故事，告訴孩子們吧！

正如瑞士救難犬救難隊隊長所說，災難過後，我們可以看到各項報導中，許多日本人成熟面對困難並互相援助的感人事蹟，這種能夠讓外國人推崇的民族性，絕對是值得教導給孩子的。將一個民族的優點傳承給國家未來的主人翁，是大人責無旁貸的責任。

第2章

預約一個

勇敢正直的小孩

第9話

忍耐一下，好不好？

不由分說地放聲大哭時……

★

黃昏時，在擠滿人的電車裡，一位媽媽推著一台坐了一個小男孩的娃娃車，努力擠上了電車。車上每個人都同情地看著那位媽媽，心想：「這位媽媽眞辛苦啊！」「這種擁擠的下班時間，還要帶著小孩跟人擠電車……」沒想到這時候，小男孩開始吵著要到第一節車廂去，因爲他想從第一節車廂看電車行進的樣子。

雖然小男孩的媽媽一直溫柔的告訴他：「電車這麼擠，不行。」但小男孩還是吵個不停，最後竟不由分說的放聲大哭起來。這時，車上乘客都對小男孩的哭聲露出了嫌惡的表情，媽媽急忙伸出手摀住小男孩的嘴巴。小男孩被媽媽突如其來的舉動嚇了一跳，便停止了哭聲，抬頭看著媽媽。這時，媽媽看見小男孩不哭了，就對他說：「媽媽不喜歡不懂事的小孩喔！你看電車這麼擠，如果我們還硬要擠到前面車廂去的話，是不是會給別人帶來很大的麻煩呢？等下次人少一點的時候，我們再到第一節車廂去看電車前進的風景，好不好？如果你還是不聽媽媽的話，那我們就不要去阿嬤家了。因為待會兒坐飛機的時候，如果你還像現在這樣吵到別人的話，就很不好意思了。所以，如果你要這樣一路吵，我們最好還是回家去。」

小男孩的眼淚雖然還是掉個不停，但這時的他卻緊閉著嘴巴，不敢哭出聲音來。好不容易止住了眼淚，他便告訴媽媽：「我不吵了。我要去阿嬤家，我最喜歡阿嬤了。」

然後，他想起在阿嬤家曾經做過的事，便開心的跟媽媽說著，說到高興的地方，還露出了非常可愛的笑容。這時的他，已經變成一個懂事的小哥哥了。

◆

我們再來聽聽另外一則故事吧！

這是一個發生在醫院候診室的故事。在候診室裡，不時傳來孩子們的哭聲。這時，有個小女生拉了拉媽媽的衣角說：「打針很痛呢！」

「對啊！針刺進皮膚裡，當然會痛囉。忍耐一下，扎一下而已。」

「打針會痛！我不要打針！」

「很痛的話你就放聲大哭，沒關係的！」

「我才不要，我又不是小baby，這樣很丟臉！」

「怕丟臉就不要哭，忍耐一下囉！」

小女孩不知道該說什麼，只是一直看著媽媽。於是媽媽又說：「打針的時候，你不要把頭轉開，只要一直看著護士阿姨是怎麼幫你打針的，就知道其實沒什麼好怕的。你害怕得亂哭，結果還是會痛，那麼你覺得應該大聲哭，還是要忍耐呢？」

「我要忍耐。」

過了一會兒，護士叫到小女孩的名字，小女孩便起身和媽媽一起走進診療室。你猜，小女孩有沒有哭呢？

小女孩果然沒有哭，並很勇敢的走出診療室，還笑著跟媽媽說：「媽媽，打針本來就會痛，不管有沒有哭，都還是一樣的痛。可是我很勇敢，都沒有哭喔！」

媽媽點了點頭，也開心的笑了。而且，剛才在診察室裡，醫師叔叔與護士阿姨看到小女孩都沒有哭，也稱讚她說：「你都沒有哭，好勇敢喔！」

◆

聽完這兩則故事，小朋友有沒有什麼感想呢？

在第一篇故事裡，小男孩是應該選擇繼續吵，最後媽媽只好帶他回家，不去阿嬤家玩了；還是選擇等下次有機會再到第一節車廂看電車行進的樣子，這次就先乖乖的在原來車廂，然後繼續朝阿嬤家前進呢？

結果，小男孩最後選擇忍耐，下一次再到第一節車廂看電車行進的風景。

第二篇故事中的女孩也是一樣。她可以選擇打針時放聲大哭，也可以選擇忍住不哭，但其實結果都還是一樣的痛。於是，女孩最後也選擇忍耐不哭。

如果是你，你會怎麼選擇呢？相信聰明的小朋友都知道該做什麼樣的選擇了！許多時候，同樣的事情，只要能夠稍微忍耐一下，便會得到完全不一樣的結果！

◆只要耐著性子跟孩子解釋，他們也會懂得必須忍耐的道理

我們常可以在公共場所看見放聲大哭的小孩，甚至在百貨公司或大賣場等地方，看見為了要父母替自己買玩具而賴在地上大哭大鬧、耍賴的小孩。

在這個時候，大多數的父母通常都會大聲的斥責小孩，另外有些父母則為了想要快點結束鬧劇而選擇妥協。

其實小朋友是非常聰明的，只要有一次因為哭鬧而得逞後，通常接下來的每一次都會使用相同哭鬧的手段來達到自己的目的。因此，父母必須跟這兩篇故事中的母親一樣，一眼就看出孩子的詭計，並且語氣堅定的跟他們解釋父母的立場，拒絕他們無理的要求。

最怕孩子們變得得寸進尺、食髓知味，因此平日家長們必須懂得堅持立場，才能夠讓孩子知所進退，並且懂得自我約束、自我節制。

第10話

校長的話

★教導孩子分辨善與惡……

在學校上課時，我們都希望能夠與同學們和睦相處。那麼，應該怎麼做才能與大家和樂共處呢？以下是一則小學一年級的學生——達也的故事。

◆

今天是開學的第一天。從今天開始，我就是小學一年級的學生了！一大早，我就高高興興背著印有我最愛的數碼寶貝圖案的書包到學校去。我們學校可是一所可以從教室窗戶看到大海的學校喔！之前我也來過這裡幾次，加上今天，就是第五次了！前幾天，我就迫不及待要爸爸帶我來玩了！

噓！開學典禮要開始了。

坐在我旁邊的是之前和我讀同一所幼稚園的靜香。校長開始致詞了：「一年級的新生們，歡迎大家加入我們這個大家庭。」

校長說完後，坐在我旁邊的靜香突然大聲的說：「謝謝校長！」

於是，我也趕緊跟著大聲說：「謝謝校長！」

結果，校長很高興的說：「今年一年級的新生都很有禮貌呢！」看到校長親切的笑容，我突然覺得好喜歡校長喔！而且剛才我也趕緊跟著靜香說謝謝，我也很棒呢！但是，下一次，我要自己大聲說謝謝，不要跟在靜香後面，因爲我也是小學一年級的學生，我也長大了呀！

接下來，校長問大家：「今天早上起床時，有跟家人說早安的人，請舉手！」

我一聽，便立刻舉手，而且大聲的說：「我有！」今天早上我眞的有跟爸爸、媽媽，還有家裡的狗狗小黑說早安呢！而且，大家也都回答我了喔！原來跟大家說早安是一件很棒的事。雖然我們家的狗狗小黑不會說早安，但是牠也對著我「汪汪」的叫了兩聲，像是在跟我說早安一樣，而且還高興的不停搖尾巴。牠跟大家說早安的方式，眞是顯得更有精神呢！

接著，校長拿出了一張卡片，卡片上面寫了一個「謝」字，然後問大家：「有誰知道這是什麼字？」

這時，後頭傳來一個聲音：「謝。」

校長說：「答對了，這是一個謝字。謝謝的『謝』。平常我們什麼時候會用到這個字呢？當然是在人家幫忙我們的時候。」原來這是一個「謝」字。今天我學會了「謝」這個字。

然後校長放下了卡片，接著又問大家：「過馬路的時候，會注意左右來車的人，請舉手！」這次，我也很快舉起了右手，並且很大聲的說：「我會。」但是我知道我的手舉得太快，也回答得太快了。其實，每次到了學校對面的十字路口時，我都會高興的大叫：「學校到了！」然後就想趕快穿越馬路，衝進學校。幸好每次爸爸都緊緊抓住我的手，並且用力的把我拉回來。

「幹嘛拉住我？」每次我都會生氣的問爸爸。

「小心車子，不要被撞到了。」爸爸每次都很緊張的跟我說，我以前從來沒有看過爸爸這種緊張的樣子。當然，現在既然我已經舉了手，以後過馬路時，一定會小心注意左右來車的。

原來這次校長要告訴我們的是，過馬路時要小心車子。我知道了，以後我一定會遵守交通規則的。明天開始，就是我一個人上學過馬路了，我一定要更小心才行。

校長已經告訴我們接受人家幫忙時要說謝謝，過馬路時要注意來車。接下來，要告訴我們什麼呢？雖然我好想趕快和同學們一起玩，一起唸書，但是因為校長的話也很有趣，我想知道接下來他要告訴我們什麼。因此，就再忍耐一下吧！

◆

結果，你知道校長後來又告訴大家什麼呢？

接下來，校長又告訴大家「運動、微笑與原諒」。原來，這就是在小學裡，大家要學習的五件事情。

小朋友，你們在學校裡是不是也確實做到了這五件事情呢？你是不是在接受同學幫忙時，會記得跟同學道謝；在上學途中，會注意馬路上的行車；還會確實的運動、常常記得微笑，並懂得原諒不小心犯錯的同學呢？

如果不是的話，是不是就從今天開始記得做到呢？

◆教導孩子在團體中成長該有的社會性

在以上這篇故事中，校長教導學生的內容，也正是我們必須積極教導孩子應有的基本社會生活準則，也是他們在適應團體生活時應有的社會性。

小學一年級的學生，大約都是七歲左右的孩子，這個年齡的孩子已經具有能力學習社會該有的規範與準則了。例如「謝謝」等應對進退的禮貌、出門時注意自己的安全等，各種離開家庭、出門在外的重要事項，都是該跟孩子耳提面命的時候了。

尤其是什麼樣的行為是社會所容許的，什麼是所謂的「善」，又什麼樣的行為是社會所不容許的，什麼是所謂的「惡」，都應該開始不厭其煩的一一教導孩子。

要注意的是，家長教導孩子的態度要清楚而嚴肅，但千萬不可以用一種倚老賣老的態度，不斷的打擊孩子：「什麼？你到現在還不懂？」而是應該清楚明白的告訴孩子：「這種行為是不能被大家接受的。」這樣，孩子接受到的訊息才會是確切而堅定的，而不是一種自尊心的打擊。

當然，在教導孩子之前，家長必須能夠先清楚的判斷什麼是「善」，以及什麼是「惡」，這樣才能明確的為孩子們說明善惡的行為，而不致有標準不一、模稜兩可的窘況出現。

第11話

「假面超人」的人氣祕訣

做事總是半途而廢時……

★★

騎著一輛耀眼的摩托車，炫風式的登場。接著身輕如燕的一躍，並架式十足的用力一踢。

「變身！」

在一句變身之後，便從一個無名小卒變成了英勇無敵的——沒錯，正是「假面超人」。

◆

大家應該都非常熟悉「假面超人」吧！但是你知不知道，「假面超人」在日本，可是一部已經播放了三十多年的節目，而飾演假面超人及其他各種角色的，正是一家叫做大野劍友會傳播公司的工作人員。

大野劍友會原來是一家專門製作日本古裝劇等節目的傳播公司所製作的戲劇，劇中人物多是一些拿刀劍的古裝人物。不過由於時代變遷，看這類古裝劇的人愈來愈少，使得大野劍友會也幾乎面臨關閉的命運。這時，有人提出製作「假面超人」這類屬於孩童節目的計畫。在無法可施的情況下，大家也只好硬著頭皮試試看了。

結果，出乎意料的，「假面超人」推出後，造成了極大轟動，即使現在仍深受小朋友的喜愛與歡迎。但在當時，大野劍友會的工作人員卻完全無法預測這個節目是否能成功。因爲當時受到小朋友喜愛的類似節目已經有好幾部，例如「極限超人」等，這類節目大多是描寫劇中英勇無比的超人主角如何與各種不同的巨大怪獸爭鬥。由於擔心超人是否能夠打敗怪獸，學生們常常坐在電視機前，緊張的盯著電視看，因而非常風行。

不過，「假面超人」究竟能否在這些類似的節目中脫穎而出呢？沒有人知道。後來，在大家同心協力下，「假面超人」竟然成功打動了大家的心。歸類「假面超人」受到歡迎的原因，應該是由於劇中的假面超人與其他節目中巨大的超人有所不同的關係，因爲他能夠身手矯健地又翻又踢，這些都是其他超人所無法做到的。因此，節目播出以後，不但立刻受到喜愛，小朋友甚至模仿起假面超人騎摩托車的樣子、變身的姿勢，以及與怪獸打鬥時的各種招數等，尤其在小學生之間造成相當大的迴響與流行。

反觀大野劍友會的工作人員，他們又做了什麼樣的努力呢？大野劍友會的工作人員並不因爲製作的只是一部兒童節目而採取矇騙的手段，抱持著只想輕鬆完成的心態。他們依舊像過去製作大人看的日本古裝劇一樣，努力的又翻又踢，並且構思了許多英勇的姿勢表演給同學們看。在這樣的拍攝過程中，工作人員爲求逼眞，常常是奮力的踢、用力的打，因而在節目收工時經常發現彼此都已經傷痕累累，甚至就算發現牙齒被踢斷了，也不是什麼稀奇的事情。

大家知不知道，假面超人與怪獸在節目中矯健的跳來跳去的畫面，其實是工作人員從很高的地方跳下來拍攝完成的。雖然他們從高處跳下來時，下面墊了幾層大型的海綿，但由於工作人員穿戴著假面超人與怪獸的道具服，從道具服中看出來的視野並不清楚，再加上一身笨重的道具，不過爲了製作出優質的節目，工作人員依舊從十幾公尺高的地方縱身一躍，如此才拍出許多驚險且扣人心弦的畫面。

有時節目中甚至會有假面超人從橋上躍下與怪獸們打鬥的場景。而飾演在河裡翻躍的幾隻怪獸中，甚至有人不會游泳。

「我不會游泳，怎麼辦才好？」

「沒事的，到時候我們一定會救你，你只管放鬆心情的跳下去。」

於是，這位飾演怪獸且不會游泳的工作人員便鼓足勇氣，從橋上縱身一躍，沉到河裡後，其他工作人員也依照約定趕緊把他拉了上來。

這些便是「假面超人」成功打進同學們心裡的祕訣，也是爲什麼三十年來在日本依舊維持著超高人氣，能夠聲勢不墜的原因。

從這個故事中，你們了解到了嗎？成功的不二法門，除了努力之外，還是努力。如果當初大野劍友會傳播公司的工作人員因爲日本古裝劇沒落等一時的困難而放棄製作節目的話，便沒有今天如此受歡迎的「假面超人」了。

◆教導孩子努力與堅持的重要

原來「假面超人」受歡迎的背景，竟是如此的艱辛。那些看起來英勇善戰、所向無敵的背後，其實都是工作人員辛苦的成果。就連不會游泳的人，也要扮演一個生活在水裡的怪獸。

當然，除了本篇故事外，一些有名的棒球選手也都是經過千辛萬苦才獲致日後為人稱羨的成果，這是任何成功者所必經的一條路。即使只是裝潢的木工師傅、可以捏出許多好吃壽司的壽司師傅，或者幫許多人剪一頭漂亮頭髮的美髮阿姨等，在他的專業上，也就是擁有一技之長以前，都必須經過一段辛苦的學習過程。

有許多由小學低年級升上中高年級的孩子，由於可以學習的東西變多了，常常容易變得喜新厭舊、虎頭蛇尾，一旦養成習慣，對於任何事情便永遠沒有學成的一天。因此，為了避免孩子養成這種壞習慣，平日便必須時時提醒他們，在學習的過程中，要有不怕辛苦與困難的精神，努力與堅持的習慣是很重要的。

本篇故事希望能夠讓孩子體會挑戰困難的決心與勇氣，並了解唯有辛苦的播種，才有甜美果實可以收成的道理。

★

第12話

獅子與老鼠

培養一個充滿自信的孩子……

你有沒有聽過「獅子與老鼠」的故事？那麼，你比較喜歡獅子還是老鼠呢？

有人會說：「獅子有鬃毛，看起來很神氣，我喜歡獅子！」

「獅子是萬獸之王，當然喜歡獅子！」

「獅子跑得比較快，也比較強壯，我喜歡獅子！」

當然，也有人會說：「老鼠長得小小的，比較可愛。」

「哈姆太郎也是老鼠，當然是老鼠可愛囉！」

「老鼠眼睛圓圓的，會咕嚕咕嚕的轉，非常可愛呢！我喜歡老鼠。」

有些人喜歡獅子，有些人喜歡老鼠，每個人喜歡的原因也不盡相同。那麼，到底誰才是眞正的強者呢？大部分的人一定會認爲非獅子莫屬了。眞的是這樣嗎？就讓我們來看看下面這一則故事吧！

◆

有一天，老鼠無聊的在一片草原上散步。

天氣很好，太陽高高掛在天空上，是一個晴朗的好天氣。溫暖的陽光照耀著大地，和煦的風也一陣陣吹來，因此老鼠的心情非常好。

突然，眼前出現了一個龐然大物，老鼠冷不防地一頭撞了上去。

「哎喲！好痛喔！是誰擋住了我的路啊，還破壞了我散步的好心情！」

老鼠說完，抬頭一看，天啊！眼前是一隻大獅子！

「到底是誰破壞誰的心情啊！你沒看見我正睡得好好的嗎？看我不把你大快朵頤……」

老鼠一聽見獅子要把他吃掉，連忙跪地求饒說：「獅子大王，求求您原諒我，我剛才是不小心的。求求您放了我吧！我一定會報答您的。」

「你要報答我？我只要用一根腳趾頭就可以把你踩死了，你能報答我什麼啊？我可是萬獸之王，還需要你這隻小老鼠的報答嗎？」獅子不耐煩的說。

「對啊！對啊！您把我吃了，不但填不飽肚子，而且我全身的毛也不好吃，所以您還是把我放了吧！」老鼠早已經嚇出一身冷汗了。

「好吧！放了你，不過是因爲我是萬獸之王，不想跟你計較，可不是奢望你的報答！快滾吧！不要打攪我睡覺！」

還好剛吃飽的獅子只想睡覺，看到老鼠的頻頻求饒，就把他放了，又繼續做自己的好夢去了。

與一頭兩公尺以上的獅子相比，一隻加上自己的尾巴也不會超過三十公分的老鼠，是否眞的有本事報答獅子呢？

又一天，獅子在草原散步。突然，說時遲那時快，獅子的一隻腳不知道踩到了什麼，竟被網子給網住了。原來他誤踩了獵人的陷阱，整個身體被網子網住而動彈不得。

「可惡！可惡的網子！怎麼咬不到啊！」

獅子的血盆大口，竟然咬不到網子上的繩子。

這時，那隻被獅子放走的小老鼠出現了。

小老鼠小小的身體正好可以塞在網子中間，並張開嘴巴奮力的咬著繩子。不久，網子就被咬破了一個大洞，獅子也就順利脫困了。

這時，老鼠開口得意的問獅子：「獅子大王，幸好之前您饒了我一命！雖然我的身體很小，力氣也不太，但可是頗有用處的呢！」

◆

小朋友，有時候外表的強壯並不代表眞正的強壯；相反的，外表的弱小，也並不表示一定軟弱。每個人都有自己的優點，千萬不可以小看自己；當然，也不可以隨便的輕視別人喔！

◆「相信你是最棒的！」簡單的一句話，卻能激發孩子無限的潛能

這篇故事出自於《伊索寓言》，是一篇大家耳熟能詳的童話故事。《伊索預言》是一本世界知名的童話故事，許多人都從一篇一篇有趣的童話故事中獲得了不同的啓示。

從本篇故事中，有些人得到了「每個人都有不容輕視的潛能！」這樣的啓發；有些人則

得到了「施人一寸，還得一尺」的啓發；更有些人了解到「只要懂得發揮優點，自己也可以是一個有用的人」的涵義，因而增添了不少自信。

此外，我們還希望這篇故事能讓孩子知道「謙沖為懷」的道理。平日我們就該教導孩子，不可以因為任何一項特長而驕恃，並且要告訴他們「不要隨便輕視別人，每個人都有他們的優點」。小朋友發生衝突時，往往都是因為其中一方認為「誰叫他瞧不起我」！

父母如果也經常用一種「你怎麼連這個也不會！」的態度對待自己的孩子，久而久之，孩子也會以相同的態度對待其他小朋友，衝突便會因而產生了。

建議父母不妨多鼓勵孩子：「你要相信自己！」「你是最棒的！」這樣，他們反而更能毫無壓力的發揮自己的能力，培養出更多的自信心。

第13話

葡萄園裡的寶藏

當孩子埋頭苦幹卻仍看不到結果時……

★

從前從前有一個父親，他有三個兒子。這位父親擁有一片很大很大的葡萄園，平日父子四人都在這個葡萄園裡辛勤耕種。

有一天，父親突然病倒了。雖然三個兒子都非常努力的照顧父親，希望父親的病能夠趕快好起來，但是卻依然沒有起色。

這一天，父親知道自己恐怕已經不久於人世，便將三個兒子叫到床前，告訴他們：「兒子們，這些日子以來，謝謝你們的辛苦照料，但我恐怕快不行了。」

兒子們聽了，非常傷心的安慰父親：「父親，您別想太多了，還是安心養病吧！」

雖然兒子們孝順的安撫父親，但父親還是繼續說下去。「我很清楚自己的身體狀況，不管怎樣，在我離開人世以前，一定要告訴你們一件很重要的事。」

「是什麼事呢？父親？」

「在我們家那一大片葡萄園裡，埋藏了一樣很貴重的寶藏。」

「眞的嗎？是什麼樣的寶藏呢？」

兒子們都非常驚訝，竟然有貴重的寶藏埋在家裡的葡萄園中！但是到目前爲止，他們卻從未聽父親提過。

「那就是……」父親的話還沒有說完就斷氣了。

「那片葡萄園裡究竟埋藏了什麼寶藏呢？」

將父親埋葬之後，兒子三人便開始掛記著葡萄園裡所埋的寶藏。於是，三人約定好每天輪流到葡萄園裡去挖掘寶藏。

一個月之後，他們挖遍了葡萄園的每一個角落，卻始終不見寶藏的蹤影。

「到底是怎麼一回事呢？」

「會不會是父親記錯了，葡萄園裡根本沒有寶藏啊！」

父親臨終前，到底想告訴我們什麼呢？兄弟三人怎麼想都想不出答案。

於是，三人只好繼續跟父親在世時一樣，在葡萄園裡辛勤的栽種葡萄。

終於，秋天到了，該是葡萄收成的時候了。今年由於大家齊心協力的結果，葡萄園裡的葡萄顆顆長得圓潤多汁，葡萄收成的數量也比往年都來得多，是三兄弟大豐收的一年。兄弟三人將收成的葡萄運到市場去賣，賣得了很好的價錢，也因此獲得一筆可觀的收入。

「原來如此，我終於明白了。」有一天，兄弟中的其中一位對其他兩位兄弟說。「我知道葡萄園裡埋藏的寶藏是什麼了！」

「真的嗎？是什麼？」其他兩位兄弟很驚訝的問。

「原來父親想告訴我們的是，只要努力耕種，葡萄園裡自然有挖不完的寶藏。」其他兩位兄弟顯然還不明白他的話，於是他繼續說道：「原來父親故意告訴我們葡萄園裡有寶藏，就是想讓我們爲了挖掘寶藏而不斷挖掘土壤，這樣一來，土壤全被我們翻鬆了，所以長出來的葡萄特別飽滿多汁，我們也因此獲得了一筆可觀的收入。之前，我們都沒有體會出父親的用心良苦。」

這時，其他兩位兄弟才恍然大悟，也明白了父親的苦心。

接下來的每一年，兄弟三人都會在耕種前努力把土壤挖鬆。當然，他們並不是爲了挖掘葡萄園裡的寶藏，而是爲了讓葡萄能夠長得更好，這也使得他們每一年都能夠迎接豐收的成果。

◆教導孩子們「要怎麼收穫，先怎麼栽」的道理

無論是水果、蔬菜、花還是稻米等各種農作物，在收成前，都必須經過一段辛苦的栽種時間，絕對不會是今天種、明天就可以收成。在收成之前，農夫們更是常常擔心著會不會發生各種如颱風、蟲害等天災的問題。但即便如此，農夫在收成前，除了耐著性子等待農作物長成之外，別無他法。可是一般人，尤其是小朋友，在稍作努力後，總會急著想要看到結果，如果不能很快看到結果，便會有打退堂鼓、半途而廢的想法。

這篇故事正好可以告訴小朋友「努力栽種，自然會有豐收」的道理。當然，家長們也要注意，當小朋友努力過後，若結果不如預期，也不應該採取責怪或怒罵的方式，應該像本篇文章的父親一樣，引導孩子「葡萄園裡有寶藏」而繼續給予勉勵。家長們應該知道，即使很多事情沒有好的收成，但卻也因此帶給孩子更多的人生經驗，這是比什麼都還要饒富教育意義的。

父母的包容與關愛，常常是孩子們療傷止痛、再次出發的最有效的強心針。

第14話

惡作劇的告白

當孩子說「最討厭媽媽」時……

★

小朋友，你們是不是會因爲某些原因，例如跟兄弟姊妹吵架、不收拾自己的東西或該做的事都沒有做，而被爸爸、媽媽責罵呢？每次被爸爸媽媽責罵時，心裡是不是常常覺得「爲什麼每次都是罵我？」「妹妹還不是一樣……」呢？那時候，心裡一定覺得「爸爸最偏心！」「媽媽最討厭了！」對不對？

但是，你們有沒有靜下心想一想，爸爸媽媽爲什麼要罵你們呢？就讓我們來聽聽下面這篇故事，然後再好好想一想吧！

◆

這是一個發生在中國古代的故事。

有一個叫做小小的少年住在一所學校裡。這所學校位於一個小村莊裡，離城鎮有一點遠。爲什麼小小要住在離城鎮這麼遠的學校裡呢？原來小小的父親是這所學校的校長，對他來說，住在學校裡是最方便的事了，因爲不須要擔心上班遲到的問題，因此他們就這樣在學校裡住了很久。

但是住在學校裡對小小而言，卻是全世界最無聊的事。所以，小小總是想了許多頑皮搗蛋的事來打發無聊時間，例如站在他睡覺的第二層床鋪上，將自己的尿灑在下層妹妹的床鋪上；又或者在學校的角落裡玩火，有好幾次甚至差點釀成火災；另外像跟別人吵架，對小小來說更屬於家常便飯。當然，身爲這所學校校長的父親，也大聲斥責過他好幾次。不過小小每次都裝作一副無辜的樣子，辯稱火不是自己放的，更別提做錯事時會道歉這回事了，這不禁使得小小的父親覺得既傷心又失望。

有一天，小小突然生病了。這一病，竟然使得他腳漸漸不能走路了。常常斥責他的父親著急的背著他走了好遠好遠的路來到城鎮裡看病，不料，城鎮裡的醫生看了小小的腳後都搖了搖頭說：「恐怕好不了了。」

小小的父親完全不能接受的大聲斥責醫生：「你說什麼？我兒子好不了了？你不是醫生嗎？醫好別人的病不是你的責任嗎？」

「爸爸，你冷靜一點啊！」小小在一旁勸著父親。

「冷靜什麼？你是我的兒子啊！是我把你帶到這世界上的，我有責任保護你！這個醫生不能治好你，我們就去找別的醫生。走，我一定會找到可以把你治好的醫生！」

說完，父親又背起了小小，邁著沉重的步伐繼續往前走。

走了好遠好遠的路，找了一個又一個的醫生。不管走了多久，走了多遠，小小的父親都毫無怨言的只管往前走。雖然醫生們一個又一個的只是搖頭嘆息，但是小小的父親卻仍舊不放棄希望的背著小小去尋找下一位醫生。

皇天不負苦心人，他們終於找到了一位願意醫治小小的老醫生。這位老醫生看了看小小的病，開了幾帖藥，交代小小藥很苦，但一定要按時吃藥。小小的父親拿了醫生開的藥，再三向醫生道謝後，很欣慰的背著小小離開了。

在回家的路上，小小雖然已經病得氣若游絲，但他還是鼓起勇氣向父親承認，之前在學校裡，有幾次差點釀成火災的意外都是因爲他玩火所造成的。父親聽了小小的告白，只是點了點頭，沒有再說什麼。

回到家後，小小的父親每天辛苦的幫小小熬藥，並按時讓小小服藥，小小的病才終於漸漸有了起色。過了一陣子，小小終於恢復了往日的健康。

◆

聽完故事後，小朋友是不是可以了解到爲什麼每次做錯事時，爸爸或媽媽都會責罵你們了呢？

故事中的小小也是在生病之後，才終於了解到父親是如何的愛他。從前，每次被父親責罵時，小小都認爲父親一定非常討厭自己，才會那樣責罵他。一直到了生病以後，看到背著自己四處尋醫的父親的背影，才明白了父親對自己的愛，並慚愧的向父親承認以前所做的錯事。而在這以前，小小的執迷不悟也是因爲無法體會父親的苦心，才一直無法打開心扉向父親認錯。

小朋友，其實爸爸、媽媽在責罵你時，也和小小的父親一樣，都是出於一片愛護你的心，他們只是希望你能更好、更自律、更有責任、更懂得愛別人、更懂得尊重別人。現在，你是不是已經明白父母對你的一片苦心了呢？是不是不應該再說出「最討厭爸爸、媽媽」這樣的話了呢？否則這可是會讓愛你的爸爸、媽媽非常傷心呢！

◆當孩子感受到父母的愛時，就是他們向父母敞開心扉時

我們常常會碰到許多不願意聽父母的話的小孩，而孩子之所以不願意聽話，大多只是因為他們覺得父母不愛他們。

從本篇故事中，我們可以看到一個背著兒子四處求醫的父親，雖然所有的醫生都認為他

兒子的病是不會好了，但這位父親仍然不放棄，不管走多遠的路，也要將他醫好。這樣偉大的父愛，也正赤裸裸的、毫無矯飾的傳達給兒子。最後使得一個原來頑強的孩子，在深刻感受到父親毫無怨尤的愛時，終於卸下心防，向父親承認自己曾經犯過的錯。

孩子小的時候，父母一天總要抱上他們好幾回，並且毫不吝嗇的親親他們，告訴他們「我最愛你了！」這項舉動在醫學上已被認為是具有重要意義的。動物實驗更證實了被父母抱在懷裡喝奶，能夠感受到父母體溫的黑猩猩寶寶，在精神上顯得較為安定。相反的，被放在鐵籠裡自行喝奶的黑猩猩寶寶則較為陰沉或凶暴。

不過很多家長其實並不知道，許多時候，自己對孩子們愛意的表現並不如想像中那麼簡單——「孩子會知道我是為他好。」因此，父母除了在言詞上要多加斟酌外，態度的拿捏也非常重要。如果每次都只是嚴厲的斥責與懲罰，恐怕只會帶來適得其反的效果。

第15話

外套不見了

孩子被欺負或欺負別人時……

★

翔翔今天跟同班同學裕一吵架了。

「我才不是膽小鬼！你要跟我道歉！」

「道什麼歉啊？你本來就是膽小鬼！」

正當兩人都劍拔弩張時，旁邊的同學都趕緊來勸架，把他們各自拉到一旁。還好，兩個人沒有繼續吵下去，風波算是暫時平息了。但是直到放學前，他們都沒有再說話。

下課鈴聲響了，大家紛紛衝出教室，兩個人又在走廊上碰到了。結果，裕一伸出舌頭，跟翔翔做了一個鬼臉，這使得翔翔更生氣了。於是，翔翔回到教室，看見裕一掛在椅子上沒有帶回家的外套，決定把它藏起來，心想，明天裕一發現外套不見後，一定很緊張。這才覺得氣消了一點，然後就回家了。

在回家的路上，他一面想著：「明天到學校後，裕一發現外套不見了，一定會比我現在更生氣吧！稍微教訓他一下，讓他知道自己錯了。」翔翔覺得整件事都怪裕一不好。

回到家後，翔翔雖然玩著他最喜歡的電視遊戲機、吃著媽媽準備的美味點心，但心裡還是覺得不好受。這時媽媽也感覺到翔翔並不像平常玩遊樂器時那樣，贏了會開心的大笑，輸了也會懊惱的叫著，於是便問他：「翔翔，今天在學校過得好不好啊？」

「好啊！」翔翔雖然這樣回答媽媽，但他低頭想了想，最後還是把今天和裕一吵架，並且把裕一的外套藏起來的事情，一五一十地告訴了媽媽。

媽媽聽完以後，嚴肅的看著翔翔，然後跟他說了下面這則故事。

◆

從前，從前，在一片綠意盎然的森林裡，住著一隻狡猾的狐狸，非常喜歡作弄別人。有一次，狐狸搶了烏鴉的乳酪，讓烏鴉非常生氣，結果狐狸不但不道歉，甚至覺得整件事真是太有趣了。

還有一次，狐狸騙了山羊，害山羊掉到水井裡去，看見全身濕答答、氣急敗壞的山羊，他竟在一旁高興的大笑。

「好有趣喔！又不是多嚴重的事，看他們氣成那樣，真是太有趣了！」狐狸每次都這樣笑著說。

有一天，狐狸又邀請了鸛鳥來家裡作客，準備再作弄人家一次。鸛鳥是一種有一個長長嘴巴的鳥，他並不曉得狐狸的詭計，便欣然答應了。

「狐狸先生，謝謝你邀請我來你家作客，我眞的很開心。」來到狐狸家之後，鸛鳥開心的跟狐狸道謝。

「你到我家來，我也很高興。我特別準備了很豐盛的湯要招待你呢！你一定要全部喝光光喔！現在，就趁熱喝吧！」

聽到有好喝的湯，鸛鳥非常開心。但是當他看見狐狸端出來的湯是用一個非常淺的盤子裝著時，馬上停止了笑容，因爲他長長的嘴巴根本喝不到淺盤子裡的湯。但這時的狐狸卻故意津津有味的大聲喝著湯。

「鸛鳥先生，不要客氣啊！這個湯眞的非常美味呢！」狐狸故意這樣告訴鸛鳥。鸛鳥當然知道盤子裡的湯非常美味，因爲湯正散發著陣陣香氣，可是他眞的不知道該怎麼用這麼淺的盤子喝湯。

這時，狐狸看見手足無措的鸛鳥，心裡得意的笑著：「笨蛋！被我騙了！」

過了幾天，鸛鳥也邀請狐狸到家裡作客。

「上次鸛鳥被我騙的樣子眞是太好笑了。等到他家後，再來整整他吧！」狐狸也欣然答應了。

到了鸛鳥家附近，狐狸就聞到從鸛鳥家傳出的陣陣香味，飢腸轆轆的狐狸趕緊加快腳步。

到了鸛鳥家後，狐狸坐在椅子上，等著鸛鳥準備食物。不一會兒，鸛鳥用了一個長長的瓶子裝著食物，端到狐狸面前的餐桌上說：「狐狸先生，趕快吃吧！我特別準備這些美味的食物，要謝謝你上回邀請我到你家去做客呢！」

說完，鸛鳥也開始大口大口的吃著食物。這時狐狸只能餓著肚子，坐在一旁看著鸛鳥吃得津津有味。

◆

「如果狐狸不要先作弄鸛鳥，也就不會被鸛鳥作弄了。」翔翔聽完以後說。

「是啊！不論是誰，都不應該隨便作弄別人喔！狐狸只是因爲覺得有趣而不斷的作弄別人，卻完全不顧慮別人的感受，等到自己被別人作弄時，才知道一點也不有趣呢！現在，他終於明白被人作弄的痛苦了，我相信他以後也不敢這樣做了。」

「自己不喜歡別人對自己做的事，別人同樣也不喜歡吧？」

「當然啊！你喜歡被人作弄嗎？」

「當然不喜歡！」

這時翔翔心裡想著：「裕一的外套被我藏了起來……。如果有人把我的外套藏起來了，我一定會很生氣、很著急……。雖然我們吵架了，但我是不是做得太過分了……」

「我明天要早一點到學校，把裕一的外套掛回去……」翔翔下定了決心。

◆發現孩子有異樣時，一定要先冷靜下來，再想想怎麼處理

在小學裡，同學因為吵架而把對方的東西藏起來是很常見的情形。但只要在教室裡找一找，通常很快就能找到。

有些比較神經質的父母，在發現小孩的東西被同學藏起來時，都會怒火中燒，覺得孩子被同學欺負了。雖然我們能夠理解父母的心情，但此時家長還是應該先冷靜下來，想想要怎麼處理，事情才會圓滿解決。

本篇故事描述的是藏別人東西同學的母親對他講故事的情形。另一方面，被藏東西的同學的父母也是應該冷靜想想，一定是小朋友吵架了才會發生這種事，應該在了解清楚情況後，再想想應該怎麼做，才能讓問題不再發生。

從前，許多父親為了培養一個勇敢的兒子，常常會告誡兒子：「被人家欺負了，就要以

牙還牙！」結果小孩整天都在跟同學吵架，甚至打架。父母應該要先了解，勇敢與野蠻是完全不同的兩回事。與同學發生了不愉快，甚至是被欺負時，首先應該先和對方保持距離，過了一段時間，雙方都冷靜下來了，再詢問原由，也許就能找出問題的癥結了。如果一味採取硬碰硬的方式，最後也只會落得兩敗俱傷。

第16話

肯德基爺爺的故事

碰到困難就輕言放棄時……

★★

小朋友，你們是不是已經很用功了，但功課還是不好，於是開始對自己的未來充滿懷疑呢？你是否準備放棄自己，覺得功課這麼糟糕，將來一定不可能出人頭地了呢？要不要聽聽下面這則故事，然後再想一想，事情是不是眞的像你想得那麼糟呢？

有一個美國人，學歷只有小學畢業。由於父親很早就去世了，因此他必須代替在工廠辛苦工作的母親煮飯、洗碗和洗衣服。

從十歲開始，他就必須到農場工作。長大以後，他當過火車上的服務員、陸軍軍人、鐵軌機械的維修工人、鍋爐工人、操作機器的助手、保險人員等，前前後後總共做過四十多種的工作。

他拚命辛苦的工作，存了一點錢，終於在三十多歲時開設了一家加油站。在當時，加油站的石油多半是賣給住在附近的農民們。

一九二九年，美國發生了嚴重的旱災，所有農作物都無法灌溉收成，使得農民無法償還積欠銀行的貸款，因而拖累銀行倒閉。接著，各種商店也跟著關閉、物價狂跌，導致各種民生蕭條、經濟紊亂的問題蔓延全美國。當然，農民所積欠他的石油費用也無處求償，他的加油站因此難逃倒閉的命運。

不過他並不輕言放棄。一九三〇年，在四十歲那一年，他開設了第二家加油站，還在加油站的一處角落裡搭起了一棟小房子，裡面放置了一張桌子和六張椅子。原來，他還打算經營小餐館。由於他的手藝不錯，不久，在客人們的口耳相傳之下，便常常有人在餐館外面排隊，等著吃他做的美味料理。

沒想到好景不常。在四十九歲那年，小餐館竟然發生了火災，這一把火，把他的心血一下子全燒光了。

這一次，他仍不灰心。在五十歲那一年，他開設了一家可以容納一百四十七位客人的大餐館。可是沒多久，因爲大餐館旁邊興建了一條高速公路，使得要來用餐的客人必須越過一條高速公路才能到達他的餐館，對客人來說，這是一件相當麻煩的事，因此，客人就一天天減少了。最後，他的大餐館又倒閉了。在不得已的情況下，他只好把大餐館賣了。賣掉了大餐館後，他身上所剩下的只有賣不掉的料理器具以及一輛破舊的中古車而已。這時的他，已經是一個白髮蒼蒼的六十五歲老人了。

不過，他還是沒有就此放棄自己。他利用身上僅剩的財產——賣不掉的料理器具及一輛破舊的中古車——開始到處教人家怎麼製作出他最著名的料理之一——炸雞。他與學生約定，如果學生所開設的餐館賣出一隻雞腿，就要給他五美分，這也是全世界最早的加盟制度。從此，他遊歷了美國各個角落，也教授了許多學生。

你們猜到他是誰了嗎？沒錯。他就是你常常可以在熱鬧的街頭看到、矗立在「肯德基」店門口，一個杵著拐杖、留著長長白鬍子的肯德基爺爺——肯尼・桑德斯。

肯德基爺爺的本名是藍德・桑德斯，在他四十五歲那年，由於受到美國甘迺迪州州長的名譽封號「肯尼」，因而被改稱爲肯尼・桑德斯。至於他受封的原因，正是由於他高超的手藝與對客人服務的熱忱受到大家的肯定所致。

大家在肯德基店前面所看到的肯德基爺爺，正是肯尼・桑德斯六十歲時的模樣。肯尼・桑德斯爺爺一直到了七十三歲都還在全美各地巡迴，關心著加盟店的經營情形。像這樣的巡迴，肯德基爺爺一年須飛行十萬公里之遠，甚至在他八十二、八十八、九十歲這三年，也曾經到過日本三次。

現在，全世界八十幾個國家裡，加盟肯德基的商店共計有一萬家以上，且加盟的家數仍持續增加中。光是日本，就有超過一千家的加盟店。

肯尼・桑德斯爺爺在一九八〇年時，以九十歲高齡離開人世。在他去世前幾個月來到日本，並告訴全世界的人：「自己的人生，必須靠自己去開創。不論你是幾歲，永遠都不嫌晚。」

小朋友，你們看，肯德基爺爺即使已經六十幾歲，都還曾經因爲生意倒閉而身無分文。生命是充滿了如此多的變數，需要我們充滿勇氣的一一克服。現在的你，難道只是因爲功課不好，就要對你的功課，甚至你的人生認輸了嗎？

生命不是只有功課而已，重要的是做事的態度。只要努力，不管是功課、甚至是各項才藝，你都必須對自己所做的事全力以赴。只要能夠全力以赴，培養積極的做事態度，便可以擁有一個有意義的人生；功課上的分數並不代表人生的分數。

另一方面，只要你知道努力，做任何事都能夠積極負責，那麼不論幾歲，開創你的人生永遠都不嫌晚。

◆幫助孩子發掘長處、發揮長處，是父母的責任

這篇故事是描述有關「肯德基」創辦人——肯尼．桑德斯的故事。不僅是肯尼．桑德斯，社會上每一位成功人士，都各有其成功哲學，也都值得我們借鏡。本篇故事的主角——肯尼．桑德斯，不但一生起起伏伏，甚至到了一般人都應該退休養老的年紀——六十五歲時又面臨生意倒閉的窘境，但他卻能夠愈挫愈勇，從跌倒的事業中爬起來，重新再出發，而這樣的舉動，也帶給許多人很大的信心與鼓勵。

「自己的人生，必須靠自己去開創。不論你是幾歲，永遠都不嫌晚。」這句話可謂言簡意賅並發人深省，相信家長們在讀這篇故事給孩子聽時，心裡一定也同樣得到不少的啓發與鼓勵吧！

在教育孩子時，正可以使用這種所謂「立竿見影」的方法。家長們應該儘量提供孩子可

以模仿的對象，讓孩子能夠在無形中見賢思齊，培養偉大的胸襟。

不過就像肯德基爺爺只憑炸雞的調理方法就再次開創自己的人生，並立足於全世界一樣，孩子在學東西時，與其希望他們十項全能，但最後卻落得全都只懂得皮毛、華而不實的地步，還不如讓他們專精於自己的特長，精益求精、出類拔萃後，行有餘力再發展其他的項目，說不定還真的能在不經意間培養出真正的十項全能。

想要激發孩子的特長，需要父母平日細心觀察，幫助孩子們站穩腳步，增加自信心。下次當你和孩子一起到肯德基吃炸雞時，記得跟他們說這篇故事，相信一定能夠使他們印象更深刻，並且對他們的人生多了一次啓發。

第3章

預約一個

開朗樂觀的小孩

第17話

大便很髒？

不願意在學校上大號時……

★

「好臭喔！太郎，你剛剛去廁所大號了，對不對？你是大便郎，大便郎，大便郎……」

「在學校裡大便最髒了！」

太郎今年剛上小學一年級。學校裡的小朋友都說，在學校裡面上大號是很髒、很噁心的事。

本來太郎每天上學前都會在家裡上好大號才出門，但是今天早上不知道怎麼搞的，在馬桶上坐了半天，卻怎麼樣也上不出來。結果，第一堂課下課時，太郎突然好想上大號，便趕快衝到廁所去。

上完廁所後，太郎才鬆了一口氣，穿好褲子走出廁所。結果，廁所外面有人聽見了太郎在廁所裡大便的聲音，便大驚小怪的說：「啊呀！太郎在學校上大號，好髒喔！你是大便郎！你是大便郎！」

太郎覺得好丟臉，今天竟然在學校大便，眞的好像又髒又臭呢！上課後，太郎覺得渾身不對勁，想到剛才的大便就覺得又髒又臭！沒想到下課後，還是覺得怪怪的。到了自己最喜歡的點心時間，覺得好像連點心都噁心起來。最後，太郎下定決心，以後絕對不要在學校大便了！

第二天早上，太郎上學前，突然覺得肚子好痛，趕緊到廁所裡。他心想，一定要趕快把大便從肚子裡面趕出來，不然等一下又得在學校大便了。可是，不知道怎麼回事，就是上不出來。

「怎麼辦？怎麼辦？」太郎在廁所裡面乾著急，媽媽卻在廁所外催著他快上學去，否則就來不及了。於是，太郎只好告訴媽媽：「我不要去上學了！」

「嗯？爲什麼？你怎麼了嗎？」

「我肚子痛啊！」

「剛剛不是上好廁所了，還痛嗎？」

「沒上出來啊！」

「現在上不出來就算了，等一下到學校再上就好了。趕快上學去了！」

「我不要……我不要在學校大便……」太郎著急的哭了。

這一天，太郎請假了。然後，把昨天在學校大便被同學嘲笑的事情，全部告訴了媽媽。媽媽聽完以後告訴太郎：「太郎眞的好可憐，只是上大號，就被同學嘲笑了。但是，媽媽小時候也發生過同樣的事喔！」

「啊？眞的嗎？」太郎擦乾眼淚，驚訝的看著媽媽。

「眞的啊！不過那時老師告訴我們：『小朋友，請伸出雙手按著自己的肚子。你們猜，肚子裡面有什麼呢？有小朋友猜到了嗎？沒錯，裡面有大便呢！每一個人的肚子裡都藏著大便，就算今天有上大號，但今天吃下去的東西，在消化了以後，明天還是要再大便喔！老師的肚子裡也有一坨大便呢！而且可不是只有我們，校長的肚子裡也有，你看電視上那個很漂亮的歌星也是一樣啊！那個棒球選手也是，總統先生也是，大家的肚子裡都有大便呢！

『所以，大便很髒嗎？當然，大便眞的又臭又髒。但是，因爲大便很臭很髒，所以不要大便，可以嗎？當然不可以啊！就是因爲它很臭很髒，所以才要把它趕出身體，這樣我們的身體才不會又臭又髒，大家懂了嗎？所以，大便是爲了要讓身體變乾淨，所以我們才要每天大便的喔！

『如果小朋友因爲大便很臭很髒就不喜歡去大便，那麼肚子裡的大便就會愈來愈多，愈來愈臭，而且還會愈來愈硬。結果，又大、又臭、又硬的大便就會卡在屁股裡出不來了。小朋友有沒有聽過便祕？這種情形就叫做便祕。這時候，你的肚子就會痛得讓你哇哇大叫，而且如果情況愈來愈糟，還會變成很嚴重的疾病。所以，小朋友，到廁所大便可不是做了一件骯髒的事，而是做了一件讓身體變乾淨的事喔！』

聽完媽媽的話，太郎心裡覺得舒服多了，原來上大號是讓身體變乾淨的事呢！

第二天，太郎很高興的起了個大早去上課。下課時，太郎又想去大便。但是現在他已經了解大便是讓身體變乾淨的事，於是他鼓起勇氣，跑到廁所去大便了。大完便後，太郎覺得好開心，身體變乾淨了呢！當他走出廁所，發現那天嘲笑他的兩個同學竟然也剛大完便從廁所出來，大家彼此看了一看，不知道該說什麼，兩個同學也覺得有點不好意思。沒想到這時候，另一間廁所的門打開了，走出來的竟然是他們的級任老師。三個同學忍不住哈哈大笑起來，於是老師尷尬的說：「大完便了，眞舒服！」

◆教導小朋友身體機能的運作

日本曾經有報紙針對小朋友不願意到學校洗手間大號的問題，提出了討論。

小朋友之所以不願意到學校洗手間大號的主要原因，多半是由於「會被同學取笑」。但其中也有小朋友是因為不會使用學校洗手間的馬桶。由於現在一般家庭多採用坐式馬桶，而學校則多採用蹲式馬桶，造成學生一時不知道該如何使用的情況。因此，家長應該多加留意對小朋友這方面的指導。

在學校的教育體系裡，多半會規定學生儘量在下課時間上洗手間，不要在上課時間去，以免耽誤了課程。但對於剛進小學一年級的學生，學校則會較為寬鬆，允許他們上課時間也可以上洗手間。

在家庭中，平日就應該教導孩子有關排便的問題，例如「上廁所是每個人都要做的事」、「大便是很重要的身體工作」、「上廁所不是什麼奇怪、不好意思的事」等等。另外，對於廁所的使用方式，例如要蹲在馬桶前面一點的位置，才不會把大便大在馬桶外面，衛生紙的使用方式、如何沖水等的生活教育，也都不可輕忽。

即使是上洗手間這種日常生活再平常不過的事，也應該好好的教導小朋友正確的衛生觀念，而不是任由他們誤解，或把它拿來當作取笑的話題。

第18話

尋找好事

覺得只有自己倒霉時……

★★

記得我們小時候，有一部卡通叫「小天使」，相信許多人也曾經在電視上看到。它的情節大致是這樣的：

故事發生在一九二〇年代美國的一個西部小鎮。小鎮上，住了一位叫安娜的小女孩。安娜的母親在她四歲那年便去世了，因此，安娜跟著在教會工作的父親——強森牧師——相依為命，過著清貧簡樸的生活。不過貧窮的生活對於生性樂觀開朗的安娜而言並不是值得擔憂的問題，反而是安娜的父親，由於積勞成疾，這才是唯一讓安娜擔心的事。

強森牧師雖然對安娜非常慈愛，是一位好父親，但如果安娜批評別人、說別人不好時，他總會立刻板起臉來，嚴肅的對安娜說：「你應該去發掘人家的優點！」於是，找出人家的優點便成為他們父女間的一種遊戲。其實，安娜的母親過世後，安娜的父親就曾拿著聖經，要安娜找出聖經上「喜悅」與「滿足」兩句詞，並且要安娜算一算，這兩句話在聖經裡總共出現了幾次。因此，安娜不但藉此認識了「喜悅」、「滿足」四個字，還學會了數數。

「安娜，從今天開始，你要學會尋找生活中的喜悅與滿足，而不再只是尋找聖經上的字了。我相信每天生活中所發生的事，絕對有可以讓人感覺喜悅與滿足的『好事』，只要能夠用心體會，一定可以找得到。」

從此以後，安娜開始每天認眞的尋找並體會所謂值得喜悅與滿足的「好事」。

不久，強森牧師便不幸因病而離開人世。臨死之前，他留下了一封遺書，遺書中提到，如果他不幸去世，希望住在美國東部的比莉・哈林頓阿姨，也就是安娜母親的親妹妹，可以收養並照顧安娜。在這之前，安娜完全不知道原來在這個世上，自己還有親人可以依靠。

不過，當比莉阿姨接到這個消息後非常生氣，她完全不同意這樣的安排。因爲，在阿姨的心裡，深深覺得安娜的父親是造成哈林頓家族四分五裂的罪魁禍首。原來，安娜的母親在未結識強森牧師以前，一直和家人幸福美滿的生活在一起。但自從安娜的母親不顧哈林頓一家人的反對，執意要嫁給窮困的強森牧師，並遠走美國西部以後，哈林頓一家人就從此失去了歡樂。接下來，又因爲一連串不幸的事情接踵而來，讓比莉阿姨對於強森牧師及安娜一家人極爲反感。可是，身爲安娜唯一的親人，比莉阿姨卻完全沒有拒絕收養的立場。

後來，安娜還是到了比莉阿姨的家，可是比莉阿姨卻始終沒有給過安娜好臉色看。頓失依怙的安娜並沒有因此而自怨自艾，她謹記父親要她「找找人家的優點」，而沒有任何怨言。因此，她照樣每天玩著從前父親在世時會和她一起玩的遊戲——尋找好事。

以下便是她找到的好事。

安娜在比莉阿姨家住在一間沒有掛窗簾、沒有鋪地毯，只有一張床、一個衣櫃的小閣樓。但從閣樓窗戶望出去卻是一片美不勝收的景象，安娜發現後高興的大叫：「你看！你看！窗外的風景像是一幅美麗的畫呢！我找到一件好事了！」

有一次，因為跑到山上玩而錯過了吃晚餐的時間，比莉阿姨罰她只准吃麵包和牛奶。她告訴自己：「這個麵包和牛奶比教會的還好吃呢！我又找到一件好事了！」

安娜最喜歡在小鎮裡亂逛，有一天，她在街上碰到了一個帶著一隻大狗的爺爺。這位爺爺就是人人都稱他「怪爺爺」的潘得魯爺爺。據說潘得魯爺爺已經有十幾年未曾開口跟這條街上的人說話了。但是，安娜自從見過潘得魯爺爺後，每次只要見到他，都會精神抖擻的叫一聲：「潘得魯爺爺好！」

這樣經過了十天，有一天，安娜又大聲的向潘得魯爺爺問好時，沒想到潘得魯爺爺突然生氣的罵她：「吵死了！」一開始，安娜受到驚嚇的站在原地，但是由於潘得魯爺爺終於有了回應，讓安娜覺得很開心，於是，她告訴安德魯爺爺：「我就知道爺爺是好人。」安德魯爺爺聽到了以後，嘴角微微上揚，然後便帶著他的狗離開了。

有一天，潘得魯爺爺在森林裡跌斷了腿，幸好被路過的安娜救了，安娜安慰他：「還好只跌斷了一條腿。」安娜開始陪著潘得魯爺爺聊天，潘得魯爺爺也非常開心。

本來非常討厭安娜的比莉阿姨，也漸漸喜歡上這個生性樂觀及每天認真「尋找好事」的安娜。有一次，安娜在鎮上不小心被馬車輾到，比莉阿姨就著急的請求醫生：「醫生，求求你，一定要把她醫好，讓她能再像從前那樣健康開朗，即使用盡哈林頓家族所有的財產也在所不惜！」

聽完安娜的故事後，你是不是也想像安娜一樣，試著每天尋找生活周遭裡的好事呢？我相信只要你能夠用心去體會，相信一定也能夠像安娜一樣，每天找到「好事」，每天都很快樂。

◆對人事物懷抱感激，讓周圍的人事物更加美好

有些孩子似乎不懂得要對周圍的人事物懷抱感激之情。就好像即使有好吃的東西擺在眼前，也很難有喜悅之情，「怎麼這麼鹹，這家店的東西真難吃！」「怎麼這麼少，妹妹比我多！」「怎麼炒得這麼爛，要怎麼吃啊？」等等，吃東西反而變成一件痛苦的事情。

對於現在的孩子而言，好像沒有什麼事情是值得「喜悅」與「滿足」的。不管任何東西，總是覺得不夠好，甚至是好還要再更好——大賣場的玩具不夠好，百貨公司的才好；百貨公司的玩具不夠好，要進口的玩具才好……。從前，我們的奶奶或母親總是對著老天爺雙手合十的說：「感謝老天爺！」對現在的孩子而言，可能會很疑惑的問你：「要謝什麼啊？」

因此，父母應該在孩子還小的時候便教導他們對任何人事物要充滿感激之情，要有說「謝謝」的習慣。父母甚至可以身體力行做給孩子看——「今天天氣晴朗，真是太棒了！」「今天小智幫爸爸除草，真是謝謝你啊！」「今天的黃昏真美，真是太好了！」等等，久而久之，孩子們必定能夠體會出那種對任何人事物應懷抱感激的「喜悅」與「滿足」之情。

第19話

「早安」魔咒

★當孩子要開始一段新生活時……

大家知不知道，日常生活中，我們經常會使用的招呼語有幾種？答案是有七種，分別是「早安」、「午安」、「晚安」、「你好」、「謝謝」、「對不起」，以及「再見」。

在這七個打招呼的用語中，一天當中最先會用到的便是「早安」。「早安」這個用語，可是一個神奇的魔咒喔！為什麼呢？只要聽聽下面這則故事就知道原因了。

◆

從今天開始，小兔子莎拉就是小學生了。她背起媽媽買給她的粉紅色大書包，牽著媽媽的手，上學去了。

「學校到底是什麼樣的地方啊？」一路上，她緊張的想著，覺得心臟好像愈跳愈快了。沒多久，可能是因為太緊張了，她覺得自己的腳變得愈來愈重，最後，終於走不動了。

「媽媽，我的腳不能動了！」

媽媽知道莎拉是因爲太緊張了，於是溫柔的揉了揉她的腳說：「莎拉，如果上學會讓你覺得很緊張、很害怕的話，你知道可以怎麼做，就不會讓自己再緊張害怕了嗎？」

莎拉張著一對大眼睛，想了一下後搖了搖頭。

媽媽繼續說：「你只要在看到別人時，大聲跟人家道『早安』就可以囉！比如說，你看到校長，就大聲跟校長說：『校長早！』看到老師，就大聲跟老師說：『老師早！』當然，看到同學時，就大聲跟同學說：『同學早！』甚至看到漂亮的小花，就跟小花說：『小花早！』然後你就會發現自己不再緊張害怕了。」

聽完媽媽這麼說，莎拉覺得眞是太不可思議了。於是，她跟著媽媽繼續往前走。一路上，她想著：「爲什麼跟人家說『早安』就不會害怕了呢？爲什麼『早安』是魔咒呢？眞的是魔咒嗎？」

想著想著，莎拉和媽媽已經來到了學校門口。沒想到這時莎拉的心臟跳得更快了，她甚至感覺自己的心臟可能會從身體裡面跳出來。

這時，媽媽走到一位老師面前，然後說：「櫻花老師，從今天開始，莎拉要麻煩您了！」

「不要客氣！我們也非常歡迎莎拉加入我們呢！」

原來她叫櫻花老師。莎拉看見櫻花老師笑容滿面的回答媽媽，心裡也突然覺得開心起來。

這時，莎拉的鄰居小狗小健也從校門口走了進來，莎拉看見了，便大聲跟小健說：「小健早！」

「汪！汪！汪！」小健也大聲的回答莎拉，莎拉頓時感覺更開心了。

到了教室門口，河馬老師正站在一旁，親切的跟大家打招呼。莎拉愉快並且大聲的跟河馬老師說：「河馬老師早！」

「莎拉，你早啊！」

河馬老師也親切的回答莎拉。莎拉聽見了，很開心的看著媽媽。

媽媽也笑著問莎拉：「『早安』魔咒是不是很有效呢？」

莎拉這時才想起媽媽剛才在路上說過的話，而且發覺自己的心臟也不再跳得那麼快了，相反的，現在覺得自己好開心呢！

「媽媽，『早安』魔咒眞的很有效喔！」說完，莎拉跟媽媽揮了揮手，開心的跳進教室裡去了。

小朋友，你們要不要也試試「早安」魔咒的效力呢？

◆跟人打招呼，是建立友誼的第一步

「跟人家打招呼」、「回答人家的問話」，以及「整理好自己的東西」等三項，是教導小朋友時最先要注意的。日本知名教育學家森信三先生也認為，這三項對於年幼小朋友的教養而言是最重要的。

你們認為住在城市與住在鄉下的小孩，哪裡的小孩比較容易養成與人打招呼的習慣呢？答案可想而知，是住在鄉下的小孩比較容易養成與人打招呼的習慣。

為什麼呢？這是因為鄉下的孩子每天早上去上學，從走出家門口開始，就會遇到許多住在附近、早起買菜或運動的鄰居，由於大家並不急著趕搭捷運或公車上班，因此只要遇到了，總會親切的互相打招呼，甚至閒聊幾句。但是，住在城市裡的小孩可就不一樣了，他們可能每天都跟父母一樣早出晚歸，或許連鄰居長什麼樣子都沒見過，即使碰面了，可能也只是點個頭，便和父母匆匆上班、上學去了。所以，住在現代都市叢林裡，許多人即使碰到住在同一棟大樓裡的鄰居，也從來不打招呼。

其實和人道早安，正是建立新的友誼的開始。所謂「一回生，二回熟」，只要互相有打照面的開始，就容易打破生疏的藩籬，更容易建立起下一次發展友誼的機會。不過令人意外的是，對許多人而言，與陌生人打招呼是困難的。不過許多父母卻都沒有注意到，說不定你的孩子可能也正好有這種問題。因此，父母平時就應該以身作則，示範給孩子看，早上見到鄰居時，應該要自然的微笑與人道早安，這樣孩子便能在潛移默化中，養成主動道早安及打招呼的好習慣。和人打招呼，正是為自己招來幸福的一個小祕訣，因為它能夠幫助你和人建立起良好的關係。這點，可別忘了告訴你的小孩喔！

把這一小把招來好運的鑰匙，交到孩子的手中，是父母責無旁貸的責任。

第20話

永永遠遠的好朋友

當孩子的好朋友要搬家或轉學時……

★★

你一定也有自己的好朋友吧！你的好朋友會不會跟你談心？你跟好朋友之間會不會互相

幫忙呢？你有沒有把握自己可以跟他們做一輩子的好朋友呢？

下面是關於兩個好朋友之間的故事。

有一天，這兩個好朋友不知道爲了什麼事情吵架了。你們想不想知道爲什麼呢？現在，就好好的聽爸爸或媽媽說給你聽吧！

◆

有兩個從幼稚園時期就認識的好朋友，一個叫做裕子，一個叫做美美。不管什麼時候，總是看到她們兩個玩在一起。這一天，兩個好朋友一起放學回家。

兩個人走著走著，美美突然停下腳步說：「裕子，我……我要搬家了。我要跟家人搬去很遠的地方。」

「嗯？」裕子聽了，驚訝得說不出話來。過了許久，她才說：「可是……，可是我們說好要唸同一所國中的。」

「我知道，但是……我也沒辦法……對不起！」

然後，兩個人也不知道該說些什麼，便默默的走回家了。

回到家後，裕子想到美美要搬家了，以後再也沒有美美這個好朋友了，就很傷心的坐在床上哭了起來。

但是美美卻不這麼想。因爲她知道，就算搬家了，她還是可以和裕子做很好的朋友，而且是一輩子的好朋友。

第二天，美美告訴裕子：「以後，也還是朋友喔！」

裕子楞了一下，她怎麼沒有想到。於是，她笑了，然後，拚命的點頭。

「嗯！」

於是，兩個人又像從前那樣愉快的聊著天。

◆

你有沒有想過人與人之間爲什麼會成爲好朋友呢？那是因爲好朋友之間比較能夠互相談心、互相幫忙。但如果其中一方永遠只想到自己而不顧慮對方的感受，總有一天，好朋友可能就會離他而去。

你又有沒有數過，從出生開始到現在，你總共認識了多少人？這個世界總共有六十億人以上喔！想要認識全世界的人是不可能的，就算光要認識跟你住在同一個城市、同一條街上的所有人，都是很困難的。因此，仔細想想，你和朋友們的相遇、相識，甚至相知，是一件多麼難能可貴、不可思議的事啊！我想這一定是上帝爲大家安排的——你們就成爲好朋友吧！

擁有朋友，是一件幸福的事。因爲朋友可以陪你共享喜、怒、哀、樂；當你有困難時，也會立刻幫助你。因此，我們是不是更應該珍惜與朋友之間的友誼。就像你現在認識的好同學，可能以後會是一輩子的好朋友，當然，只要你懂得珍惜，即使有一天大家從學校畢業了，彼此各奔前程，但只要彼此有心，友誼就會一直維持著。

那麼，要怎麼珍惜彼此呢？首先，便是多替朋友著想。畢竟彼此是多麼難得才能夠成爲好朋友，因此應該多看對方的優點，包容互相的缺點。可不要爲了一點小事就爭吵，這樣便能夠更融洽的相處。此外，大家應該在學校裡多結交一些要好的同學，並且要有和對方做一輩子好朋友的想法。這樣，你便能夠擁有許多要好的朋友，人生也就不會寂寞了！

◆在人生中，與我們相遇的每一個人都是貴人

許多人長大以後都會感慨：「要交一個朋友，怎麼變得這麼困難！」想想看，世界上有六十億的人口，能夠和我們成為朋友的機率，真的是小之又小！這種緣分確實是非常難得的。甚至有人認為，每一個出現在我們人生中的人，都具有某種程度上的意義，每一個都是我們的貴人。但可惜的是，長大之後，即使與人遇見了，也像是擦身而過的陌生人，彼此沒有任何交集可言。

因此，我們除了教導孩子之外，自己也應該懂得多珍惜身邊認識的每一個人。每天都應該對身邊或周圍的人多一點體貼、多一點關心、多一點包容，我們的人生也才能夠更溫暖、更豐富。

第21話

足球教練的選擇

當有事與願違的事情發生時……

★★

二〇〇二年六月，日本與韓國的世界盃足球賽開打了。世界盃足球賽是每四年舉辦一次的世界性球賽。當時在日本，擁有世界級水準的選手有中田英壽、小野伸二、中村俊輔等三名享譽日本的超級選手。但參賽的足球選手需要有二十三位，因此大家每天都在猜，誰會是其中的一名。日本各大報更是每日一猜，把話題炒得沸沸揚揚的，熱鬧非凡。

不過在日本代表選手名單公布的當天，讓大家跌破眼鏡的是，中村俊輔選手竟然不在名單當中，也就是說，中村俊輔選手落選了。

「中村俊輔選手落選了嗎？眞的嗎？怎麼會呢？」日本全國上下都感到非常驚訝，甚至有人責怪教練托爾西耶。

當世界盃足球大賽賽事結束後，托爾西耶教練才在日本某電視台節目中提及中村俊輔落選的原因。

「我之所以會把中村俊輔選手剔除的原因是，每當他因爲某些原因而被要求下場時，坐在休息區裡的他，總是控制不了自己喪氣的情緒，低頭不發一語的縮在角落裡。看到這樣的他，我很擔心他是否能應付世界盃這麼大的足球賽事。因爲這麼大的足球賽事，更是充滿壓力與挑戰的。」

另外，據托爾西耶教練所說，當中田英壽與小野伸二被要求下場時，卻還是能夠坐在休息區裡和其他選手們交換心得，甚至能夠指導較無經驗的選手該如何踢球，也會幫上場下場來來去去的選手們加油打氣，這些行爲不但不會影響其他選手的士氣，反而更能凝聚大家的信心。

小朋友，當你爲班上的比賽活動盡心盡力，希望自己也能夠成爲參賽選手，卻不幸落選時，你是否也會覺得非常沮喪，好像自己的努力都白費了呢？甚至每當發生事與願違的事情時，你總是露出不悅的神情，好像大家都不了解你的努力，進而影響到大家的心情呢？

以下正是一則發生在大輔同學身上的故事。讓我們一起來看看他是如何面對發生在他身上的事。

◆

四月是日本新學年的開始，也是大家認識新老師、新同學、新課程的時候。選擇新的課外活動也是小學生一項重要的事情。故事的主角大輔，很早就嚮往能夠進入學校的棒球隊，這是他期待已久的一件事情。

開學典禮後，便有課外活動選項調查。大輔毫不猶豫的選擇棒球作為他的第一選項。不過，大輔其他志同道合的好朋友也都同樣選擇了棒球。

隔天，老師告訴大輔及其他想參加棒球隊的同學們：「想參加棒球隊的同學實在太多了，可能沒有辦法讓你們全部加入，是不是有人願意做其他選擇？」

大輔心想：「我的好朋友都在棒球隊裡，我也一定要參加。」

其他人也都搖搖頭，沒有人想要選擇其他的課外活動。結果，只好用猜拳來決定可以參加的人。

「剪刀、石頭、布，我輸了……」和大家猜拳的大輔，沒想到很快就輸掉了。

「我不要！我不要參加其他的課外活動，我只要參加棒球隊！」大輔忍不住的大喊後衝出教室。其他同學則面面相覷，不知如何是好。

可是，事實既然如此，也沒有辦法改變了。大輔最後只好選擇加入籃球隊。

第一堂課外活動時，大家都興高采烈的去參加自己最喜歡的活動，但大輔卻顯得無精打采。

「大輔，你看起來很沒精神，你還好吧？」這時，他的好朋友大軍看到了，便關心的走過來問他。大軍也在猜拳中輸掉了參加棒球隊的機會，最後，他也跟大輔一樣，選擇了籃球隊。

「當然沒有精神啊！我只想參加棒球隊，根本不想參加什麼籃球隊。」

「我一開始也是啊！想到不能參加棒球隊就覺得很傷心，但後來想到可以學到新的運動——籃球——就忍不住覺得很興奮呢！你有沒有看過人家打籃球，好像很有趣喔！你要不要也換個角度想想，讓我們一起去試試看嘛！」

「對啊！要換個角度想，這樣傷心下去也不是辦法。也許以後我們的籃球也可以打得很棒、很有趣呢！我們就一起加油吧！」

本來運動方面就很有天分的大輔，果然在經過一段時間的努力後，籃球也打得嚇嚇叫了，甚至還成為藍球隊裡活躍的熱門人物。

◆

在我們的生活中，不可能事事都合乎自己的心意。因此，當發生了事與願違的狀況時，也只能試著轉換心境，凡事往好的地方想，讓自己每天都能夠積極樂觀的看待所發生的事。這樣，你自然能夠從每一件事情當中有新的收穫，說不定還能夠得到一個嶄新的自己。

就像本篇故事中的主角大輔一樣，雖然不能如願進入棒球隊，卻成為日後學校籃球隊裡的熱門人物，結果不也一樣令人高興嗎？但如果他只是一味的傷心、一味的坐困愁城，一碰到課外活動課便愁眉苦臉的在籃球隊裡什麼事都不想做，那又能如何呢？不過是虛度光陰罷了！甚至還會影響其他隊友的心情，讓大家不知該如何跟他相處，最後一定會覺得和他格格不入，反而使自己失去結交新朋友的機會。

在本篇故事開始前，我們曾經提到的日本足球選手中村俊輔，同學們想不想知道他最後怎麼樣了呢？在那一次的世界盃足球賽甄選中落選後，他也開始學會了轉換心情，積極面對人生各種變數的功課。後來，他被義大利的足球隊相中，現在仍活躍於足球界。

◆教導孩子懂得轉換心情，凡事保持樂觀積極的態度

許多時候，不僅僅是運動選手會有面臨坐冷板凳的命運，我們每一個人也都有坐冷板凳、深覺自己能力沒有辦法發揮的時候。但就像托爾西耶教練說的，選手在坐冷板凳時的態度是很重要的，也就是每一個人在面臨窘境，甚至是困境時的心態是不容忽視的，因為那也正代表了一個選手及一個人的價值。

不過要在困境中逆流向上，的確不像喊口號那麼簡單，但卻也是人生中不得不修的一門功課。因此，將本篇文章中的日本足球選手中村俊輔及故事主角大輔的故事告訴孩子，讓他們了解在困境中仍然必須繼續努力的重要性。「就算現在只能做這一件事，也要努力，一定可以學到更多的東西。」「你一直傷心，也改變不了事實，只是浪費時間而已，而且還會影響大家的心情，讓大家替你擔心！」

當然，「轉換心情」及「自己的心情，不要影響到別人」，對大人們而言都不是一件簡單的事，更何況是對小孩子。因此，當孩子處在逆境中時，更需要大人付出加倍的耐心與愛心來陪伴他們度過難關。

就用本篇文章中所提到的兩位主角的故事來啓發孩子吧！相信他們在聽到別人的故事後，也能夠學習到積極面對困境的態度與勇氣，能因此了解在團體生活中，自己的態度與行

動是會影響到別人的，從而自然的修正一些平日不當且任性的行為。

第22話

「笑」的神奇力量

當孩子陷入不安的情緒當中時……

★★

你有沒有常常發出愉快的笑聲，讓周圍的人也感染到那種愉快的感覺呢？還是你會常常發出嘲笑人家的笑聲呢？你應該知道，那種嘲笑人的笑聲是多麼令人厭惡、多麼讓人難以忍受！

除了嘲笑人的笑聲之外，只要你所發出的笑聲是能讓周圍人都可以感覺愉快的，那麼你就要繼續的笑，並且把這種歡樂的氣氛散播給周圍的人。

爲什麼我會這麼說呢？也許有很多人會說，只要有好笑的事，當然會繼續笑。但是如果沒有好笑的事，怎麼笑得出來呢？其實，就算沒有什麼太好笑的事，只要大家能夠試著製造出一些笑聲，甚至是講笑話，也能夠讓別人感受到快樂與幸福。

◆

時間是二〇〇一年九月，美國紐約發生了舉世震驚的恐怖攻擊事件——兩架被劫持的客機先後衝向紐約雙子星大廈及美國五角大廈（後來稱爲九一一事件），造成無數人員的傷亡。事發現場一片哀嚎狼藉、慘不忍睹，相信許多人對於這件事都還記憶猶新。

不過事情並不是就此結束。相反的，卻是傷亡人員的家屬與親友們惡夢的開始。

你一定會覺得奇怪，爲什麼事件之後才是傷亡人員的家屬與親友們惡夢的開始呢？

不知道你能不能夠體會，有時候心靈所受的創傷，要比外在的皮肉之傷還要來得痛、來得嚴重。因爲失去至親的痛楚與打擊，對一個人來說，可能是一輩子也醫不好的心靈創傷。

對於現代發達的醫學來說，身體所受的傷，幾乎沒有醫不好的。甚至有些身體的傷，還能夠有好幾種方法可以醫治，也有好幾種特效藥可以吃，只要經過一段時間的治療，就可以得到百分之百的復原。不過卻沒有任何醫生與藥物能夠完全醫治心靈的創傷與打擊；即使經過治療，也沒有任何人可以明確的告訴你，你心裡的傷口已經痊癒了。

那麼，我們應該怎麼做，才能幫助這些心靈受傷而難以平復的人呢？如果有一天，你身邊親近的人發生了這類情形時，你又該如何做，才能對他們有一些幫助呢？

當然，尋求專業醫生的協助是絕對必要的。另外，溫柔的安慰他們也是必要的。然後，讓他們好好休息一段時間，不要再爲任何事情煩惱等，都是使他們能夠早日從悲傷中走出來的方法。

接下來又該怎麼做呢？最近有一些專家發現可以用「笑」來治療這些心靈受傷害的人，這個方法不也正符合了中國人所說的「一笑解千愁」。只要能夠打從內心發出笑意，就像黎明的第一道曙光劃破一個人的心一樣，我們便可以期待陽光照亮並溫暖他們受傷害的心靈。

不過，「笑」是不是眞的有這種神奇的功效呢？其實，「笑」對於我們的身體與心理都是非常有益的。最近有一種稱爲「笑療師」的人，專門針對人類「笑」的行爲，以及究竟會對人類產生何種影響，做了許多相關的科學研究與實驗。結果證實，笑的行爲的確對於人類的心理與身體有正面的影響。也就是說，「笑」的確能夠緩和心靈的痛楚與所受到的傷害。

所謂「笑療法」在一開始被提出時，還被世人當作是癡人說夢的笑話。但隨著各種科學性實驗與研究的增加與累積，大家開始慢慢了解到，「笑」對於人類的心理與身體的確是非常有益的。

根據人類對於「笑的行爲」的研究顯示，笑的行爲會刺激人類腦部釋放出一種「內非太」物質，可以減緩人類身體與心理的痛楚與創傷。

因此，美國針對恐怖份子的九一一劫機事件，對受難者家屬所造成的心理傷害，有人便提出用「笑」來幫助這些受難者家屬度過心靈的難關。也就是利用幽默的方法，使這些人能夠從心裡發出笑，甚至發出消失已久的笑聲，希望他們能夠因此打開心房，重新開始屬於自己的人生。

雖然許多時候，光是「笑」並不能夠解決所有的煩惱與問題，但至少「笑」可以讓一個人稍微增加一點積極樂觀的動力。也許就是因爲這股動力，使人能夠勇敢的面對痛苦，並且想辦法解決問題。

所以，大家平日就應該保持愉快的心情，稍微有點好笑的事，就大笑幾聲吧！相信你的生活便能因此更加燦爛。

對人保持微笑，更是好孩子應該做的事。不要吝嗇將你的好心情感染給周圍的人吧！他們看到你的微笑，也都會在不知不覺中感覺，使生活充滿了許多驚奇與美好呢！

就從現在開始，無論是在家裡、在學校，甚至是在街上，每天都要記得笑喔！

◆笑使得周圍的環境明亮起來

在我的任教生涯中，會經常注意到自己臉上的笑容。因為老師的「笑」，可以讓孩子們覺得安心、覺得放鬆。尤其當老師說了什麼笑話讓全班同學哄堂大笑時，整個班級便會頓時籠罩在一片溫暖幸福的氣氛中。

另外，即使不是大笑，溫柔的微笑也能夠發揮不可思議的力量。

有時候當同學對於自己所做的作品沒有自信，不願意輕易的拿出來和大家分享時，只要老師能夠溫柔的微笑並鼓勵同學：「你做得那麼辛苦，一定做得很棒，大家都很想看喔！不要那麼小氣，跟大家分享你努力的成果吧！」

小朋友只要看見老師臉上的笑容，便能一掃擔心害怕的心情，而能夠敞開心胸，無所畏懼的接受全班同學凝聚的眼光。老師也都深知笑容的神奇力量，因此有些老師甚至還會站在鏡子前，練習自己迷人的笑容呢！

如果讓孩子常常看著大人的臉色行事，成天畏畏縮縮是不行的。相反的，家長臉上如果能夠經常掛著笑容，發揮「笑」的神奇力量，讓孩子在你的笑容中覺得溫暖、安心和放鬆，久而久之，便能培養出一個充滿自信並行事穩健的孩子了。

第23話

戰勝病魔的女孩

當孩子失去戰鬥力時……

★★

你一定聽過一句話，叫做「意志可以戰勝病魔」。許多時候，如果一個人失去了求生的意志，那麼，他就非常有可能任由病魔奪走他的生命了。

另外，還有一句話叫做「善意的謊言」。許多時候，我們可能不得不因爲必須保護別人或自己而撒謊，但這都是出自於善意而不得不使用的手段。

接下來，我們就來聽聽有關這兩句話的故事。

◆

有一個女孩得了一種怪病，這種怪病連醫生都沒有見過，當然，也不知道有什麼方法可以治療。雖然女孩的父母及哥哥都知道女孩得了一種連現代醫學都難以醫治的怪病，但爲了女孩好，大家決定不把眞實情況告訴她，只是儘量對她很溫柔，並且不斷的鼓勵她要相信自己的病很快就會好起來。醫生告訴女孩的家人，即使沒有有效的藥物可以治療，不過如果女孩能夠依靠自己堅強的意志力，還是有可能可以戰勝病魔、恢復健康的。

但是日子一天一天過去了，女孩的病卻毫無起色。這時，女孩心裡也不免想著，自己的病恐怕是好不了了。這一天，父親告訴她：「你今天的氣色看起來不錯喔！你的病一定好多了吧！」父親強忍著悲傷，臉上卻堆滿笑容的跟女孩說。女孩心裡高興的想著，一定是因爲自己的病好一點了，所以才會看起來氣色不錯。

有一天，女孩因爲生病的關係，一點食慾也沒有。雖然女孩知道爲了身體健康，不吃東西是不行的，很努力的吃了一些，但餐盤裡的食物卻還是剩下了一大半。

母親看到了以後安慰她：「你吃這樣應該就夠了，因爲都是很營養的東西，身體需要的養分一定也都補充到了，這樣你就有力氣打敗病菌了！」

又過了幾天，女孩已經病得坐不起來了，這時，哥哥告訴她：「你躺著好好睡覺，好好休息。等到休息夠了，身體自然就會好起來了。」聽了哥哥的話，女孩心想，原來是因爲自己太累了，需要休息，等到休息夠了，身體自然就會好起來了。

就這樣，在家人不斷的鼓勵下，女孩的病竟然奇蹟似的，慢慢復原了。

這時，連醫生也嘖嘖稱奇，沒想到女孩眞的能夠靠自己的意志力戰勝病魔。

相反的，如果當時家人沒有鼓勵的言語，而是像下面這樣的話語：「你今天的氣色很差！糟了！」「你一定是病得很重，不然怎麼吃這麼少。」「你現在連坐都不能坐了，唉！」……，如此一來，女孩的病一定很難好得了。因爲女孩可能整天都在擔心自己的病好不起來而陷入愁雲慘霧之中，最後可能連一口飯都吃不下、覺也睡不安穩，一天接著一天，病情當然會持續惡化了。

本篇故事中生病的女孩，即使氣色已經大不如前，但由於父親扯了一個「善意的謊言」，使得女孩能夠安心的與病魔繼續纏鬥。

因此，大家一定要了解到講話時，遣詞用語的重要性，所謂「良言一句三冬暖，惡言傷人九月寒」。平常與人說話時，便要注意對方的感受，不但要適時，也要能夠適合某些場合。例如在該說些鼓勵的話時，千萬不可以說些風涼話，或甚至是譏笑人家的話。就從現在開始，好好找尋一些鼓勵人家的好話吧！

下次，當看到周圍朋友陷入一片愁雲慘霧中時，你就可以試著說一些加油打氣的話，即使是「善意的謊言」，只要能夠讓朋友恢復生氣，又何嘗不是一件有意義的事呢？

◆鼓勵的話語使孩子更堅強、更茁壯

其實，鼓勵的話並不是只需要出現在人們生病時。許多時候，即使是在日常生活中，一些鼓勵打氣的話也常常是使一個人重新燃起戰鬥力的主要關鍵。

我們常常可以看到有些孩子興高采烈的拿出畫好的「傑作」給家長看時，許多家長可能劈頭就問：「你在畫什麼？」即使看出了孩子畫的是什麼時，也會忍不住批評指導一番：「這樣不像，你應該這樣、這樣畫。」殊不知你已經澆熄了孩子當大畫家的心情，因為他們都「畫得不像」、「畫得不夠好」。因此，為了不要澆熄你的寶貝夢想當大畫家的心情，你應該儘量看出他所畫的「傑作」的優點並加以稱讚。但要記得稱讚的話必須是基於事實。例如，「哇！你的顏色配得好漂亮！你真棒！」「哇！你畫的車，每輛都不一樣耶！你好厲害！」等。即使只是一個很小的優點，你也應該藉由自己的觀察與稱讚，讓孩子有再次拿起畫筆的信心與勇氣。即使只是為了培養孩子作畫的樂趣，你小小的稱讚都是值得的。

不論是哪件事情都有好的一面與壞的一面，但如果我們習慣看好的一面，那麼發生在我們身邊的，便永遠都是好事了。

第24話

我要開動了！

全家人一起用餐時……

★

「我要開動了！」

小朋友，每天晚餐時間，坐在餐桌前準備吃飯時，會不會說這句話呢？這句話到底是在對誰說呢？是對辛苦做飯的媽媽嗎？還是對辛苦賺錢，買東西給我們吃的爸爸呢？你有沒有想過答案呢？現在就讓我們邊想邊來聽聽下面這則故事吧！

◆

有一個村莊裡住了一位富翁。在這個村莊裡，除了這位富翁外，其他的村民們都過著貧窮的生活。每當村民們沒有錢的時候，便會跑到富翁家去借一些錢來應急。不管是哪一位村民來向富翁借錢，富翁從來不會擔心貧窮的村民們會還不起錢，相反的，他每一次都爽快的把錢借給他們。因此每次村民們見到富翁，都會表現得十分的尊敬他，更有許多人會對富翁阿諛奉承，竭盡所能的拍他的馬屁。

「富翁先生，您今天穿這件衣服眞是非常符合您威風凜凜的樣子呢！」

「富翁先生，您庭院裡的松樹長得眞好，就像您一樣玉樹臨風！」

「富翁先生，您的千金長得眞是亭亭玉立，果然是大家閨秀，村子裡的姑娘沒有人比她更漂亮了！」

「富翁先生，您的孫子好聰明喔！村子裡從來沒有見過這麼聰明的小孩！」

當然，富翁每次聽到這些奉承的話，總是笑得合不攏嘴：「是這樣子嗎？是這樣子嗎？」

有一天，村子裡來了一個貧窮的旅人。由於這個貧窮的旅人已經好幾天沒吃東西了，因此，他進了村子以後，走著走著便暈倒了。還好，有一位好心的村民發現了，趕緊爲他遞上食物，又給了他一條溫暖的被單讓他溫暖身子，使這個貧窮的旅人不至於凍死。在這位好心村民的幫忙下，旅人虛弱的身體一天天復原了。有一天，他覺得身體的情況已經好多了，是該上路的時候了，於是，他向那位救他的好心村民再三道謝：「感謝您的救命之恩，眞是讓我沒齒難忘。以後如果有機會，我一定會報答您的救命之恩！」貧窮的旅人一邊說，一邊要向這位好心的村民鞠躬行禮。這位好心的村民扶起了他的手臂說：「快不要這麼客氣了。出門在外，本來就需要朋友的幫忙。你在旅途中，一定需要東西裹腹吧？這些食物你帶著，路上餓了時可以吃。」

原來好心的村民怕這位旅人在路上肚子餓時會沒有東西可以吃，早就幫他準備好食物，讓他可以帶在路上吃。旅人非常感動，再三向這位好心的村民道謝後，離開了這個村莊。

旅人一路上不停的走著，希望能早一點到達目的地。大約黃昏時，他覺得肚子有一點餓了，於是他找了一個地方休息，並拿出那位好心村民為他準備的食物。就在這時，村莊裡最富有的富翁也恰巧要到別處去，同時也在這個地方休息。

「我要開動了！」旅人在吃東西前說了這樣一句話。

富翁聽了笑嘻嘻的說：「喔！原來你也是我們村子裡的人啊！哈哈哈，你一定也是跟我借錢，才能買到這些食物的吧！的確，我知道有許多村民都非常感謝我呢！哈哈哈。但是，你不要客氣，儘管吃吧！你並不需要告訴我你要開動了啊！哈哈哈！」

旅人奇怪的看著富翁說：「我的確不需要告訴你我要開動了，因為這些食物是村子裡一位好心的村民給我的。」

「喔？是這樣嗎？但是，你在這裡說，他哪裡聽得到呢？」富翁覺得很奇怪。

「我知道他離這裡那麼遠，是不可能聽得到我說的話的。但其實我也不是要說給他聽，我只是感慨，經過了千辛萬苦的趕路，在旅途中常常三餐不繼，可是今天我是如此幸運，竟然能有這些食物，讓我餓了的時候可以裹腹。如果沒有這些東西，我很可能就餓死了。因此，今天我還有東西可以吃，代表老天爺還沒有要我的命，所以我想感謝的其實是老天爺！」

聽了旅人的話後，平日因爲村民不斷的阿諛奉承而深感自己功德無量的富翁，此時也慚愧的低下了頭，心想也許大家該感謝的，眞的是老天爺呢！

◆懂得感恩，一定可以為自己帶來幸福

平日我們在吃東西時，已經很少會感謝老天爺了。在日本的傳統中，有一項便是在吃東西前說一聲：「我要開動了！」

吃東西是讓我們活下去的重要因素。也可以說，有東西吃、能維持生命，要感謝許多人——辛苦賺錢的人、辛苦煮飯的人，甚至是辛苦耕種的農夫等，一切都是值得感謝的。在國外，常有許多基督徒會有飯前禱告，這也正是感謝上帝賜予食物，養育我們的一種感激之情。

最近有調查報告甚至顯示，在日本，自己獨自用餐的小孩有增加的趨勢。無論如何，我們仍舊希望父母能夠多放一點的心在家庭和小孩身上，儘量能夠一家人圍在一起吃飯，然後大家一起感謝的大聲說：「我要開動了！」

第4章

預約一個

努力堅強的小孩

第25話

堅強可愛的蒲公英

教導孩子大自然的神奇與偉大……

★

你要不要猜一道謎語啊？一種盛開在春天，非常可愛的黃色小花是什麼花呢？每當春季來臨、百花齊放時，你就可以在許多地方看到這些黃色小花，不管是在原野上、河堤旁，甚至是小巷子裡有泥土的地方，以及人行道上一個一個的紅磚塊之間，都可以看見它們可愛的身影。

你猜到是什麼花了嗎？沒錯，就是蒲公英。

這種花，連名字都很可愛呢！可能是因爲它們長得實在太可愛了吧！在日本，人們把這種花叫做「咚咚鼓」，很有趣吧？不過爲什麼叫它們咚咚鼓呢？原來在很久很久以前，有許多學會走路但還不太會說話的小baby，每次看到路旁盛開、長得像鼓的蒲公英花苞時，總會不停的說「咚咚、咚咚、鼓、鼓」，因此，大家便開始把這種花叫做「咚咚鼓」。

那麼，你知不知道，雖然蒲公英總是在溫暖的春天盛開，但當寒冷的冬天來臨時，這些可愛的小花會怎麼樣呢？它們怎麼度過寒冷的冬天呢？

其實，你不必擔心，蒲公英在寒冷的冬天裡仍然緊緊的抓住大地，直挺挺地站著。哪怕是寒冬裡，冷颼颼的風向它們吹來，或者一陣又一陣白茫茫的雪，冷冰冰地壓在它們身上，它們仍然努力的度過寒冬，堅強的生存下去。

雖然蒲公英在地面上看起來是那麼的渺小可愛，實際上它們的根卻是長長、長長的向地下延伸，常常有人要拔起地上可愛的蒲公英時，沒想到也一起把蒲公英好長好長的根拉起來了！

堅強度過寒冬的蒲公英，只爲了等待春天的來臨。

當春天來臨時，蒲公英便開始綻放一朵又一朵可愛的小黃花，使整個大地充滿了生氣。

不過，其實蒲公英的花期只有短短的四天。而且不管天氣溫暖還是寒冷、晴朗或是下雨，蒲公英仍然會綻放出美麗的花朵。這是因爲已經長大的蒲公英也打算要生小寶寶了，而開花就是爲了要生小寶寶。蒲公英過了四天的花期後，它美麗的小黃花就會開始變成上面附有一顆一顆小種子的棉絮，而這些小種子正是蒲公英的小寶寶，只要它們落到了泥土裡，就又會再長成一株新的蒲公英。因此，當蒲公英花變成棉絮，生出一堆小寶寶種子時，變成蒲公英媽媽的蒲公英就會再次挺直了身體，等待大風吹來，然後跟寶寶們說：「趕快跟著大風去尋找自己的家，大家再見！」於是，大風捲起了所有的棉絮，將種子吹到很遠很遠的地方。在泥土上安全降落的種子，便要開始自己的新生活，努力長大了。

因爲棉絮很輕很輕，而蒲公英媽媽一次可以生好多的寶寶，這就是爲什麼我們可以在很遠很遠、許許多多不一樣的地方——山坡上、大海邊、田野間，甚至是巷子裡——看見長大的蒲公英了。

你是不是沒想到這樣小小的、可愛的蒲公英，竟然這麼厲害呢？即使是在寒冷的冬天，冷颼颼的風、冷冰冰的雪，也不能把它們打倒、把它們壓垮呢！只要勇敢的度過了寒冷的冬天，它們就能夠迎接溫暖的春天了！

所以，下次當你碰到任何困難時，是不是也應該想想，連小小的蒲公英都能夠勇敢的忍耐冰雪的侵襲，自己是不是也應該更勇敢一點呢？

◆即使是野生的小花，也隱藏了大自然的生存智慧

這篇故事告訴大家，蒲公英對抗大自然與利用大自然的生存哲學。不論是哪一種植物或動物，都隱藏了大自然的各種生存哲學與智慧。家長可以和小朋友一起探索各種動植物的生存智慧與哲學。

本篇故事是要告訴小朋友「堅強」的重要。蒲公英為了生存，必須忍耐大自然嚴酷的考驗。家長可以帶著小朋友實地的野外教學，找一找蒲公英在哪裡，並把這篇故事再講述一遍，加強孩子的印象。

此外，平日家長也應該多帶小朋友親近大自然，讓他們了解大自然的偉大與奧祕，培養他們更開闊的胸襟與視野。

第26話

一天當中煮了二十次飯的人

教導孩子努力不懈、不輕言放棄……

★★★

你是不是經常在練習數學時，只要碰到很難的題目就直接跳過去，或者如果想了一分鐘左右想不出來就乾脆放棄，等著明天聽老師的解答呢？

其他比如像練習單槓、游泳、舞蹈、樂器等，你是否也都抱持著相同的態度，只要一遇到瓶頸，便告訴自己「也許我天生沒那個細胞吧！」你要不要試著告訴自己一次「我就不相信我不會」，然後不論需要花多少時間，都要把它學會，看看結果會是如何。只要你能抱持著這樣的決心，相信一定會有意想不到的結果，到時候你可能會告訴自己「我就知道我是一個天才」！

以下便是一個碰到困難也不輕言放棄的人的故事。

◆

你會不會幫媽媽煮飯？又知不知道該怎麼煮飯？是不是只要將米洗乾淨後放到電鍋裡，按下開關，便可以等著香噴噴的白飯上桌了呢？你知不知道在沒有發明電鍋以前，煮飯可不是像現在這樣，只要幾個簡單的步驟就可以完成了。

從前不但沒有電鍋，甚至沒有自來水。每次要煮飯時，當然得先打水，然後將米浸泡一陣子後，將泡好的米放在灶台上，在灶台下生火將水煮開。但是，將米煮熟的過程是非常辛苦與麻煩的。

首先，水煮開了以後，要開始控制火的大小。以前沒有瓦斯爐，不是用一個按鈕就可以將火任意調大或調小，而是要不斷重複的加入木材或取出木材，以免火過大把米燒焦或者火太小米煮不熟，甚至是木材燒完了，中途便熄火了。因此，在煮飯的過程中必須全程守在灶台邊，要是不小心睡著了，飯可能就燒焦了。如果想要將飯煮得又Q又好吃，就要把火候分爲三段。最初先用大火將水分煮開，然後轉小火將米煮熟，最後再轉中火把多餘的水分煮掉，並且切記在過程中絕對不能將鍋蓋打開。

於是，有一個日本人就想到，這麼複雜的煮飯過程，是不是可以用一台機器就搞定呢？於是，他在家裡開了一間小小的實驗工廠，這個人就是三並先生。三並先生與一家人共有六人，開始了漫長的發明與實驗過程。

三並先生每天一大早起床便開始煮飯。一次又一次的煮，並且測量每一次、每一分鐘溫度的變化，以便找出鍋內溫度在多少時是飯煮得最好吃的時候。負責煮飯的是三並先生的太太——風美子女士，她一天要煮二十次飯，也就是她一天必須守在灶台旁十幾個小時，一下加木材、一下減木材的，好讓三並先生做實驗。

經過了四個月辛苦的實驗之後，三並先生終於得到了要將飯煮得最好吃的實驗結果。那就是將鍋內加熱到攝氏一百度以後，關小火煮二十分鐘，再把火關掉，飯便煮好了。

接下來，三並先生要考慮的是，在鍋內加熱到攝氏一百度以後，要如何把開關關掉。於是，他又開始一連串金屬溫度變化的實驗。因爲他要想出怎樣利用金屬加熱膨脹的方法，將飯鍋的開關彈開。

最後，還有一個最難的問題，就是鍋內加熱到攝氏一百度之後，又該如何才能維持二十分鐘的小火溫度。不過經過幾百次的實驗，所有的方法都失敗了。而且在一次又一次的實驗中，光材料費就花掉了他們大筆的金錢。一段時間後，三並先生與太太風美子女士眞的感覺累了，幾乎想要放棄實驗，但爲了最初的理想——要利用機器簡單煮出好吃的飯——大家還是彼此互相勉勵，再接再厲，終於發明了三段溫度結構的煮飯機器——飯鍋。而且機器內的三段溫度不會受外在溫度的影響而忽冷忽熱，可以說相當成功。

當飯鍋在日本剛上市時，三並先生努力的在全國各地宣傳，希望自己的飯鍋能爲辛苦煮飯的媽媽分擔一點辛勞。可惜的是，媽媽心裡想的都是，煮飯可不是一件簡單的事，怎麼能靠機器呢？就算煮熟了，也不會好吃的。因此，一開始飯鍋的銷售量並不如預期。不過，三並先生並不放棄。於是，他想到在所有媽媽面前當場用自己發明的電鍋煮飯推銷的方法。結果，煮出來的飯眞的是香Q好吃，讓所有的媽媽都信服。於是，三並先生的飯鍋便在日本造成一股熱賣。甚至有媽媽寫信給三並先生，內容提到：「我們終於可以輕鬆簡單的煮出好吃的飯了，眞是太感謝您了！」

◆

大家有沒有注意到，在我們生活的周遭，除了飯鍋之外，還有許多便利的商品，使我們的生活更方便。每一樣商品的背後，都曾經是許多人辛苦努力的結果。就拿三並先生的例子來看，如果他當初在一碰到困難時便輕易放棄了，今天我們就沒有可以如此簡單煮出好吃的飯的工具了。很可能到了今天都還必須蹲在灶台邊生火，努力讓自己不要睡著了。

有一句話最能形容辛苦後的代價，就是「峰迴路轉疑無路，柳暗花明又一村」。許多事情在未得到結果前，常常需要許多決心與毅力。因此，下次碰到困難時，千萬不要輕言放棄，否則你將永遠也無法享受到成功的喜悅。

◆不輕言放棄，最終可以嘗到成功的甜美果實

在我們生活的周遭，到處充斥著便利的商品，可以提供我們更方便的生活。但每一項商品在上市以前，都必須經過千辛萬苦的實驗與發明。

這篇文章講述一個家族為了一個理想——利用機器，簡單煮出好吃的飯——而努力不懈的故事。藉由這樣的故事，可以讓孩子了解到，一件事情的完成，往往需要經過很多的困難，但為了得到成果，再辛苦也是值得的，正所謂「不經一番寒徹骨，哪得梅花撲鼻香」。

我曾經擔任朝日新聞與東京兒童作文比賽的主審，有一回的作文題目正是「努力的代價」。參賽孩子的作文中也都提到了，自己曾為了完成某一件事而不計辛苦、努力不懈的故事，無

論是為了完成一件美勞作品、為了解出一道非常難的數學題目、為了練一段很難的鋼琴曲目等等，當然，大家最後都得到了辛苦的代價，嘗到了成功的甜美果實。

另外，我們還希望孩子在享受別人發明的便利商品時，也都能學習感謝的心。這點，也是需要家長們的提醒喔！

第27話

棒球選手的毅力

培養孩子能夠從挫折中重新振作……

★★

大竹就讀於國小，是學校棒球隊背號四號的最重要球員，也是球賽中的主力要角。球隊裡每個人幾乎都無法想像，要是少了大竹，球隊會變成什麼樣子。

有一天，在一個正式的兒童棒球公開大賽要開賽前，大竹的右手腕卻在練習時不小心骨折了。在醫師的指示下，大竹必須休息三個月，不能再繼續任何棒球比賽或練習。於是，大竹被迫退出學校棒球練習，以及即將開賽的兒童棒球公開大賽。

但是，大竹仍然每天到學校的棒球練習場外觀看大家練習，看著看著，心裡愈來愈焦慮，他責怪自己怎麼這麼不小心，不但無法像大家一樣爲大賽練習，甚至根本無法參加自己期待已久的公開大賽，而所有的辛苦練習，不就是爲了這一刻嗎？球隊裡的每個人都正在爲這一刻卯足了勁練習，也都愈來愈熟練了。特別是看到投手健二同學的進步，也都得到了教練的誇獎，自己卻無法加入這一切，只能站在練習場邊乾著急。

漸漸的，大竹覺得到場邊看大家練習是一件痛苦的事，便再也不去了。這樣的情況被教練發現了，教練跟大竹說了下面這一則故事。

「大竹，你一定知道日本職業棒球隊之一的巨人隊吧！其中有一位桑田眞澄選手，今年雖然已經三十五歲了，卻仍然是巨人隊裡出色的投手。桑田眞澄出身於日本甲子園棒球學園，然後被徵召進巨人隊當投手，以他比其他隊員都要瘦小的體格來看，完全不是棒球隊中的完美選手，但在他的投手生涯中，竟曾得到一百六十四個比賽場次的勝利（至二〇〇二年時）。在競爭激烈的職業棒球賽中，桑田選手能有這樣的成績，可以說是非常傲人的。每個日本職業棒球投手都在追求兩百個場次勝利的夢想，當然桑田選手也不例外。但不幸的是，桑田兩百勝的夢想尚未達成，在輝煌的十七年投手生涯之後，突然因爲手肘韌帶拉傷而被迫停止一整年的投手工作。

「一九九五年五月二十四日，眼看巨人隊對阪神隊的職業棒球賽就要開打了。『雖然我不能投球了，但我還可以揮棒打球，我還可以跑壘。』於是，他要求教練讓他上場。在球賽中途，他一邊告訴自己可以打球、可以跑壘，一邊奮不顧身的揮棒、跑壘，後來，在滑壘時又不小心把手肘韌帶拉傷了。結果，他幾乎必須面臨退休的命運，因爲他的手肘在多次拉傷下，也許再也不會好了。

「不過手術後，桑田仍舊不放棄重回球場的希望。他爲了不使自己失去在球場上比賽的耐力，即便不能投球了，仍然每天在日本讀賣新聞報紙的球場外野場地跑步五十分鐘，因爲五十分鐘就與一場比賽所要花費的時間一樣。後來，日本讀賣新聞報紙的球場外野場地還被大家稱做是『桑田跑道』。另外，爲了恢復及保持手指的敏感度，桑田除了每天練習彈鋼琴之外，還努力的學習營養學、解剖學，幫助自己更了解健康，也很用心的記載、分析自己的飲食，這一切無非是希望自己的身體能夠早日恢復健康，可以再一次重回球場。

「一九九七年四月六日，日本職業棒球賽舉辦巨人隊對養樂多隊的比賽。桑田在休息了兩年之後，竟然奇蹟似地站在球場中與大家一起比賽。現場所有的觀眾無不感動得掉下眼淚，大聲幫桑田加油：『桑田，加油！我們支持你！』得到大家支持的桑田，勇敢的重新站在球場中投出他的第一球，而球速與球技和兩年前的每一場比賽一樣，都是又快、又狠、又準。

「比賽中途，當桑田選手又上場揮棒、跑壘的時候，球場上的球迷都在驚呼：『不行啊！不要跑了，小心你的手肘韌帶啊！再拉傷就完蛋了！』但是，桑田選手仍舊奮不顧身的往壘包撲過去。

「二〇〇二年的某一個職業棒球大賽中，桑田選手告訴教練：『請你讓我上場盜壘，對手幾乎沒有這方面的防守，如果盜壘的話，這場比賽一定會獲勝的。』教練聽到桑田要做這麼危險的動作，便說：『你要是再受傷，怎麼投球呢？即使勝了這一場，也不值得。』教練斷然拒絕了桑田的要求。後來在那一場比賽中，桑田不僅是勝利投手，還在場中揮出了一支全壘打。

「棒球選手不僅只有投手而已，打者、跑壘、捕手都是棒球選手。桑田就是以這種不放棄的態度，即使已經三十五歲了，仍然不斷的投球、打球、跑壘……，而且，不論是哪一場比賽，只要上場了，就不怕會不會受傷，而是全力以赴的參加比賽。因此，在二〇〇二年時，他還獲頒職業棒球的優秀守備選手獎，那已經是他第八次獲頒職業棒球獎項了。

「目前桑田仍舊為了投出兩百勝而努力。雖然他還有三十六勝要努力，但大家都深信他一定會達到目標的。」

聽完教練的故事，原來不再出現在學校棒球練習場的大竹，又開始每天都到練習場上和大家一起練習跑步。而且，原來用右手打擊的他，也開始練習用左手打擊了。現在，大家又再次感受到：「我們隊伍真的不能沒有大竹同學啊！」

◆培養孩子的挫折容忍度，以及堅強面對困難的勇氣

許多時候，當小朋友碰到挫折與困難時，很容易垂頭喪氣，不知該如何是好。這時，大人便會習慣性的加油打氣：「加油，一定會成功的！」「再堅持下去！」等。

不過，與其做一些表面的、膚淺的出聲加油，讓孩子覺得你好像置身事外，只會說些風涼話，不如就趁此時，好好的傾聽孩子的心聲，並且積極教導孩子堅持的重要性，以及碰到任何困難都必須堅強面對，而不是愁眉苦臉的處世態度。甚至可以為他做比喻，例如植物的根，也必須忍受風吹雨打，強韌的附著在地底下以求生存等。碰到困難，正是讓人成長的時候。一個人在經過磨難並堅強以對之後，更能相信已經從一棵小樹苗長成風雨吹不倒的大樹了。

如同本篇文章中，教練適時的教導快要放棄的大竹同學一樣，給他一個模仿的對象，讓

他自行判斷是不是要繼續追尋這個對象的腳步。不過，即使孩子已經完全對所做的事情失去信心與學習動力時，那麼，也應該教導孩子儘快從垂頭喪氣中跳脫，重新參加其他有意義的活動，而不是自陷於困難與失敗中，養成優柔寡斷的個性。

同時，大人千萬不要輕忽孩子的感受，隨意替他決定，「你一定行的！」「你不是這麼沒用吧！」「再堅持下去！」孩子在外面受挫時，最需要的其實是家人的關懷與安慰，即使只是一個溫暖的擁抱，而不是家人對他感受的輕忽，並草率的為他做判斷與決定。孩子終究是要長大的，該走怎樣的路，必須自己學習判斷與選擇。當然，家長是小朋友最好的諮詢對象，但卻不需要為他做選擇。在孩子為自己分析、決定之後，便要他們快快的從困難與挫敗中復原，去做更多的學習，而不是為一次的失敗而無止盡地陷於哀傷的泥沼中。

要特別注意的是，根據研究顯示，許多有暴力行為及憂鬱症的孩子，大多是因為沒有養成對挫折的忍受度與堅強面對困難的個性，因而每當碰到挫折與困難時，便會引發這類人格偏差的行為或意想不到的精神疾病。因此，家長應趁著孩子還小的時候，培養他們對挫折的忍受度，以及堅強面對困難的勇氣。

第28話

世界上最好吃的東西

當孩子討厭吃飯時……

★

「寶貝，吃飯囉！」太郎的媽媽煮好飯後，對著客廳裡的太郎喊了一聲。但是等了半天，太郎都沒有回應。媽媽覺得很奇怪，走出廚房一看，原來太郎正忙著打電動玩具，完全不理會媽媽。於是，媽媽生氣的說：「好了！不可以再玩了！先去吃飯！」

說著，媽媽便走到電視機旁，把電視機關掉了。

「你做什麼？我就快打贏了。」太郎也生氣的看著媽媽。

「吃飯時間到了，我剛才在廚房叫你，你沒有聽到嗎？怎麼都不回答一聲呢？」媽媽堅持著說。

「聽到了啦！可是我快打贏了。我打贏了，就去吃飯了啊！」

「不行！先吃飯！」

看媽媽眞的生氣了，太郎只好站起來，不情願的走到飯桌前。

「今天吃什麼啊?肉絲炒青菜啊?我最討厭吃青菜了。」

太郎一看餐桌上沒有自己喜歡吃的東西，便抱怨了起來。不過，爲了趕快吃完飯再去打電動玩具，他只好趕快坐下來，把喜歡吃的白飯扒光，又隨便吃了幾口肉絲，就跟媽媽說：「我吃飽了!」

媽媽一看，餐桌上的青菜幾乎都沒有動，又問太郎：「你幾乎都沒有吃青菜啊!」

「我本來就不喜歡吃青菜嘛!」

那天是星期日，因爲太郎從一大早就打電動玩具打到中午，肚子並不覺得餓，再加上不喜歡吃青菜，所以青菜幾乎都沒有吃。媽媽也不再說什麼，把餐桌上的食物收一收，回到廚房去清洗餐具了。

下午，太郎和附近的小朋友約好了一起去公園玩。太陽快下山時，太郎才滿身泥巴的回家。因爲中午吃得少，肚子早已餓得咕嚕咕嚕叫了。一進家門，他便喊著：「肚子好餓喔!我要吃飯。」

坐在客廳裡看書的媽媽，看了看時鐘說：「還不到吃晚飯的時間，再等一下吧!」

「那我要先吃餅乾。」

「不行，我沒有買零食。零食沒有營養，常吃零食對身體不好。」

過了一小時，媽媽才起身到廚房去準備晚餐。做好晚餐並端上桌後，媽媽這才大聲喊著房間裡的太郎：「吃飯了！」

聽到媽媽叫吃飯的聲音，已經等了好久的太郎從房間裡飛奔出來。

結果，晚餐是一條魚和炒青菜，全都是他不喜歡吃的東西。但說也奇怪，已經快要餓壞的太郎，突然覺得那一條魚和炒青菜好香啊！於是，他急忙坐下來，二話不說就開始吃了起來。不到一會兒，就把一條魚和整盤青菜吃光光了。

「我吃飽了。好好吃喔！媽媽，今天的魚和青菜怎麼特別好吃啊？」

於是，媽媽跟他說了下面這一則故事。

◆

從前，有一個只喜歡吃美食的國王，他最想做的事，就是吃到全世界最好吃的東西。於是，他召集了各地最厲害的廚師來爲他做一道眞正是世界上最好吃的食物。可是吃了又吃，卻沒有任何一道料理能夠讓國王覺得滿意。

有一天，來了一位廚師，他告訴國王：「我可以爲您做出全世界最好吃的食物。」國王聽了很開心。但這位廚師說，有一個條件就是，爲了能夠眞正享受全世界最好吃的食物，在他爲國王做好料理之前，國王不能吃其他任何東西。國王歡歡喜喜的答應了，並且眞的什麼東西都沒有吃。

過了一天，國王耐心的等著，但廚師還沒有把食物煮好。到了第二天，國王肚子餓了，廚師仍然還沒有把食物煮好，國王只好繼續忍耐。好不容易到了第三天，廚師終於端出他所說的全世界最好吃的食物來到國王面前。這時，餓壞了的國王大口的吃起廚師煮好的食物，並讚不絕口地說：「眞是好吃！眞是好吃！從來沒有吃過這麼好吃的東西！」於是，那位廚師也得到了國王豐厚的賞賜。

◆

「眞的嗎？他到底煮了什麼？全世界最好吃的東西究竟是什麼啊？」聽完故事後，太郎好奇的問媽媽。

「其實他並沒有煮出什麼特別的食物，都是因爲國王快要餓壞了。」媽媽跟太郎說。

「只是因爲國王肚子餓了嗎？」

「是啊！國王從來沒有餓過肚子吧！只要肚子餓了，吃什麼都會覺得是全世界最好吃的。這位廚師就是因爲非常了解這一點，所以故意先讓國王餓肚子，然後再吃自己做的食物。你不覺得這個國王跟誰很像嗎？」

這時，太郎知道媽媽在說自己，於是很不好意思的說：「好像我喔！」

「對啊！你看，肚子餓的時候，吃什麼都好吃吧！只要是有營養的食物，都應該規律的攝取，一定可以品嘗出各種食物不同的味道。每一種食物都有自己的味道，都一樣好吃，只是你沒有品嘗出來而已。而且有食物可以吃，已經非常幸運了，你知不知道世界上還有很多人沒有東西吃呢！我們應該心存感激，怎麼可以嫌東西不好吃呢？這樣，老天爺會罰你沒有東西吃喔！」

聽完媽媽的話，太郎覺得自己真的太不應該了。的確，其實每一樣食物都好吃，只是肚子不餓而已。下次，他再也不會挑食，也不再隨便說東西難吃了。

◆讓孩子親身體驗有東西吃是一件值得感謝的事

身處現代物質充裕的環境，要讓孩子懂得珍惜，的確不是一件容易的事。但父母可以藉由本篇故事來提醒孩子，不要像任性的國王，覺得什麼東西都不好吃。也可以告訴他們，即使是現在，在非洲或戰亂中的小孩，常常因為沒有東西吃而餓死的真實事件，讓他們了解到有東西吃是一件值得感謝的事。父母甚至可以模仿本篇故事中的媽媽，讓小孩真的餓個一餐，體驗一下沒有東西吃的痛苦。也許下一次，孩子就不會再覺得那些討厭吃的東西那麼難吃了。

第29話

驚奇超人的巧克力贈品

希望孩子能夠用心思考時……

★★

「不要老是模仿別人的作品，要動腦筋想想看啊！」小朋友，你們是不是也曾經被爸爸媽媽這樣說過？不過即使聽了爸爸媽媽這麼說，心裡是不是很不服氣的覺得：「哪有那麼容易啊，我就是想不出來啊！」

接下來，我們就要來說一個不願意模仿別人、靠自己思考而成功的故事。

◆

大家知不知道，許多印在糖果、文具等商品上的卡通或漫畫人物，像是著名的「小叮噹」、「Hello Kitty」、「米老鼠」等，都是許多漫畫家辛苦的傑作。因此，要使用這些漫畫家的作品，就必須付給他們所謂的版權費。當然，所有使用這些著名卡通人物的商品，也幾乎保證可以暢銷。因此，所謂的版權費，相對的會是一筆巨額款項，可是一點也不便宜喔！不過，如果商品上印的不是這些大家所熟悉的卡通或漫畫人物，而是一些大家不熟悉的人物，想要造成暢銷，可是一件比登天還難的事情，甚至還有可能造成滯銷，使製造的公司賠錢呢！但是卻有兩個人辦到了，到底是怎麼一回事呢？讓我們一起看下去吧！

◆

「都賣不出去，怎麼辦才好？」

有兩個西裝筆挺的男子，坐在咖啡廳裡猛灌冰開水，因爲外面的天氣實在太熱了。他們剛巡視完公司的商品——驚奇超人巧克力回來，卻發現商品幾乎一個也沒有賣出去。原來他們兩位是日本LOTTE食品公司的員工，正爲賣不出去的驚奇超人巧克力商品煩惱著。LOTTE食品公司是日本一家知名的食品廠商，專門製造巧克力及口香糖等商品。故事發生當時，是在一九七七年，LOTTE食品公司推出了驚奇超人巧克力這項商品，但卻造成了滯銷。

雖然驚奇超人巧克力也像其他許多巧克力商品一樣，附有卡通人物的卡片贈品，而且一個贈品需要日幣三十圓的成本，可惜的是，卡片上的人物是大家聽也沒聽過、看也沒看過的，因此，很多人根本不曾注意到這項新產品。

「該怎麼辦才好呢？我們的贈品一點魅力也沒有。」當然，他們也非常清楚贈品要有魅力，最快的方法便是支付著名卡通人物或漫畫人物的巨額版權費，所有問題便迎刃而解，而他們也不需要再傷腦筋了。可是他們非常希望大家能夠接受他們所創造出來的漫畫人物，而不是一味地拿別人的東西印在自己公司的商品上。

「到底該怎麼做呢？」有一天，其中一個員工坐在捷運上，腦子裡也不斷的思考這個問題。突然，他注意到捷運車廂裡，一張畫有「鬼屋」的遊樂場廣告。當時「鬼屋」在日本非常受歡迎，小朋友只要到遊樂場，一定要玩「鬼屋」這個遊樂點。

這名員工突然靈機一動，「對啊！我們可以做魔鬼與天使造型的漫畫人物！」他的點子是，創造許多魔鬼與天使的漫畫人物，還有許多多變造型的小主人，藉此再發展出魔鬼抓小主人，以及天使拯救小主人的故事情節，同時又設定一種魔鬼可以抓各種小主人，但一種魔鬼卻只有一種天使可以克制他這種關係。於是，他立刻向LOTTE食品公司提出了這個想法。公司在經過開會研討後，也同意了他的提案，開始創作許多造型的小主人、魔鬼與天使的漫畫人物，並印製成卡片附在商品上。

結果，附有新贈品的驚奇超人巧克力再次上市後，竟然在小朋友間流傳開來，大家都覺得非常有趣，拚命幫小主人尋找可以克制魔鬼的天使，不久，商品便被搶購一空。即使LOTTE食品公司拚命的加緊趕製，也來不及因應消費者的搶購速度。最後，LOTTE食品公司甚至必須停止電視節目的商品廣告，以平息這一股銷售熱潮。

此外，由於驚奇超人巧克力贈品漫畫人物大受歡迎，後來甚至變成了雜誌的漫畫連載和電視上的卡通節目。即使到現在，許多商品也都還附有這些漫畫人物造型的贈品。像驚奇超人巧克力這樣，從商品贈品的漫畫人物變成漫畫連載、電視卡通的情形，可說是絕無僅有。這都是由於兩位認眞的LOTTE食品公司員工所努力的結果。由於他們對公司的製作能力有信心，相信不需要靠別人的創作，只要努力，一定能做出屬於自己的作品。事實證明，他們是對的。而且，他們的成功也不是僥倖，而是靠自己努力思考、再思考所得到的成果。

聽了這個故事後，當你下次也腸枯思竭時，是不是也試著先想想要怎麼做，而不要馬上就打退堂鼓，想要去用別人的或模仿別人的東西。也許你自己想出來的點子，會好得讓周圍的人都嚇一跳也說不定喔！

◆要孩子有創新的頭腦和行動力，周遭的環境是很重要的

具備創新的頭腦和行動力，的確不是一件簡單的事。許多時候，天馬行空的胡思亂想是人人會做的事，可是一旦付諸行動時，許多人可能會習慣性地退縮，然後選擇較安全，甚至是較取巧、較方便的做法。

在創新之前，你可能需要先眼觀八面、耳聽四方地蒐集資料、閱讀資料、消化資料，然

後再做各種分析，做出綜合判斷與評比。最後一項也是最困難的一項，便是不畏艱難的付諸實行。

就像本篇故事中的驚奇超人巧克力贈品，在成為銷售熱潮前，也曾經歷過滯銷的命運。要如何從滯銷中重新包裝、重新出發？是要選擇創新的路呢？還是選擇原有卡通人物與漫畫人物造型的路呢？無不考驗決策者和員工的智慧。

在小學中、高年級階段的學生，會出現兩極的類型。一種是拚命想要跟大家不一樣的學生；一種則是覺得大家都有的，一定是好東西，如果自己沒有就覺得很遜的學生。

因此，家長和老師都應該適時的給予他們鼓勵。當孩子創作出自己的成品時，不論好與不好，都應該稱讚他勇於創新的頭腦與行動力。然後，再誠心誠意的給予建議，如果覺得自己不夠專業，就向孩子承認是用一種欣賞的角度來看待的，必要時，可以尋求較專業的人給予評價。不管怎樣，如果孩子們周圍的環境充滿批評與責難的話，我想就連大人也只想選擇較安全的方法以逃避挨罵的場面吧！

第30話

做出最棒的超超人

引導孩子盡最大的努力時……

★★★

「早知道，當初作文裡再加上那兩句話就好了……」

「暑假的美勞作品如果再加上這一個小零件，一定會更完美……」

小朋友，你們是否也會像這樣，每回交出作品後才後悔當初一時偷懶，沒有把作品做得更好呢？不過到了下回要做作品時，你的懶惰蟲又爬出來了，又開始告訴自己：「哎唷！重寫好麻煩喔！這樣差不多可以交了啦！」

「少一個零件，又要大老遠跑去買，花錢又費事，其實這樣也不錯了啦！」

許多人都會有這種「差不多」、「也不錯」的毛病，面對事情的態度總改不了「這樣差不多了啦！下次再注意就好了！」、「這樣不錯了啦！搞不好別人做得更糟糕！」的想法。

不過這種遇到事情怕麻煩，自認是小事、小細節，不須要太在意的地方，往往是造成整件作品平淡無奇的關鍵。也就是說，對小事、小地方愈注意，手法愈細膩，就是作品成功的關鍵。

接下來這個故事就是要描述一部因為手法細膩而廣受歡迎的日本兒童節目「超超人」。

◆

「超超人」這部兒童節目對於日本人而言，是個一點也不陌生的節目。自從一九六六年開播以來，至今已有四十年的歲月。最新一季「超超人——可絲摩斯」也已經在電視台開播，播出時間預計為期一年。該節目自播出以來已經四十年，一直維持著很高的收視率。

事實上，「超超人」要開播時，已經有許多類似的超人兒童節目，如「月光假面超人」、「七色假面超人」等，也許小朋友的爺爺、奶奶也都曾經是這些超人節目的擁護者，只是當時這些超人兒童節目播出時還是黑白電視機的時代。

「超超人」在播出時，很幸運的是第一部以彩色收視的超人兒童節目，因此引起不少的注意，再加上「超超人」和「月光假面超人」、「七色假面超人」不同的是，他不僅會變身，還可變成比人類大好幾倍的巨大超人，跟同樣巨大的怪獸打鬥，以拯救人類與地球，可說是一部完全不同於舊電視機時代的超人兒童節目，算是一部新時代的新產物。因此，節目推出前，已經造成未演先轟動的景象；節目開播以後，更創下百分之四十的收視率，也就是每五個日本人當中，就有兩個人收看這部超人兒童節目。

製作這部轟動的超人兒童節目的，是一家稱為丹谷的傳播公司。不過丹谷傳播公司在製作「超超人」時，發生了不少插曲。首先，製作「超超人」的費用，可以用「花錢如流水」來形容，光是製作超超人及各種怪獸的服裝就所費不貲，只要一開始拍攝，又要花掉無數的底片費用。不過為了使拍出來的作品更完美，不僅服裝道具要求精緻、細膩，拍攝時若有任何因為燈光不佳、道具脫落、演員表現不好等狀況發生，都要求全部重拍，務必使節目達到一定的水準。當然，如此嚴格的製作手法，也使得電視台給予傳播公司的製作成本不斷往上追加。最後，逼得電視台只得緊縮成本，並發出通牒，要求傳播公司必須如期開播節目，不可以再往後延。

因此，原來傳播公司與電視台訂定製作為期一年的節目，卻由於電視台不願意再追加成本，以及傳播公司慢工出細活的製作手法，第一季的「超超人」只完成九個月的節目。

可是「超超人」播出後，其精緻細膩的拍攝手法廣受好評，在播出九個月的最後一幕，超超人打敗怪獸要飛離地球的畫面，甚至使許多小朋友都信以為眞，紛紛跑出家門，看著天空，尋找超超人飛離地球的畫面。

至今，丹谷傳播公司仍是「超超人」的製片公司，最新一季的節目也已經製作完成，並持續播放中，而丹谷傳播公司也每天為製作出更精緻、更細膩的新一季「超超人」而努力著。當然，想必他們已經從電視台得到更多的節目製作成本，以製作出更完美的「超超人」了。

也就是因爲丹谷傳播公司認眞努力的做事態度，才能使這個節目得以維持四十年而聲勢不墜。如果當初丹谷傳播公司的工作人員只想交差了事，抱持著「差不多」的心態，相信早就沒有今天深受大朋友與小朋友歡迎的「超超人」節目了。

只要努力，就一定會有成果。當你在做任何作品時，都應該拿出精益求精的態度，凡事不嫌麻煩，而且要求自己追求精緻與細膩。

下次你在製作一項作品時，記得要告訴自己「還不夠好，應該還可以更好」，試著多想想怎樣讓自己能做得更好，而不要怕麻煩，相信你的作品一定可以更精緻、更細膩。

◆培養孩子正確的做事態度，對待任何事情都能夠有精益求精的習慣

「超超人」在日本播映時，創下日本許多最新的拍攝手法。丹谷傳播公司對於節目一個畫面、一個畫面的拍攝方式，更是讓人佩服他們認真的態度。

我在編輯本冊故事集時，也當面要求每一位參與的老師：「請大家發揮最大的能力來編寫這本故事集，如果怠慢的話，就沒有出版第二本的機會了。」

我相信所有家長在工作上，也都會要求自己或自己的工作小組盡最大的能力完成任何工作。畢竟眼前的努力，是累積下一次工作的成本。無論是老闆或客戶對你的評價，都是你能繼續勝任工作的本錢，而工作上的許多小地方也往往是左右勝負成敗的關鍵。無論勝負成敗如何，細心與負責的態度至少已經贏得了別人的信任，而粗枝大葉、敷衍了事的態度，卻已經失去了別人對你的信心。

因此，從小我們就應該教導孩子：「細心一點，才會做得更好喔！」「一定還可以做得更好，再想想吧！」

如果一再的敷衍了事，一旦事情一多時，就會變得錯誤百出，更會在無形中打擊孩子的自信。因此，平日就要教導他們做事仔細、小心，養成孩子正確的做事習慣，長大以後才不會變成一個「差不多先生」。

第31話

什麼事都不用做的工作

希望孩子打起精神時……

★★★

「如果什麼事都不用做，該有多好！」

你是不是常常這麼想呢？是不是甚至會想：「大家本來就都很懶惰啊！」

不過，這是眞的嗎？懶惰是人類的天性嗎？

如果眞的讓一個人什麼事都不用做，不看書、不畫畫、不運動、不工作……，每天除了睡覺、吃飯、上廁所之外，什麼事都不用做，你猜會怎麼樣？

在美國，曾經有這樣一則徵人啓事：

「什麼事都不用做

附三餐、住宿

時薪高

工作期限不拘」

這是一個不用做任何事的打工工作，另外還提供三餐和住所。不過這個人必須待在房間裡，什麼事都不能做，除了吃飯、睡覺、上廁所之外，沒有電視可以看，沒有音響可以聽，也沒有報章雜誌等任何書籍可以閱讀，更不可以從事任何活動。原來，這是一個針對人類活動天性的實驗工作。結果，你們猜猜看，從事這項工作的人可以在這種環境裡待多久呢？

剛開始時，大部分的人都睡很長時間的覺，醒著時或吃飽飯後，便隨便哼唱幾首歌，一天也就打發了。可是，接下來幾天，大家開始紛紛放棄這項工作，因爲他們不願意再多忍耐一天這種無所事事的日子了。當然，其中有一些學生爲了高薪而拚命忍耐。不久，有些人竟然開始產生幻覺，並且無法控制這些幻覺不要發生。

後來，這項實驗的主辦者給忍耐到最後的人一本電話簿。結果你猜發生了什麼事？那些參加實驗的人竟然拿起了電話簿，一頁一頁的讀了起來。

這個實驗證明了，人類絕對不是懶惰的動物。相反的，人類是一種無法忍受無聊的活動性動物。人類是充滿好奇心、精力充沛，會自動去找點什麼事做的動物。人類容易因爲好奇心及充沛的精力而著迷於一件事，有時甚至會廢寢忘食，只爲了弄懂或玩夠一件他深覺有趣的事情。

不過，對於人類而言，什麼樣的事才是眞的所謂有趣的事呢？許多人一定都很羨慕家財萬貫的人，認爲他們可以做自己想做的事，多餘的時間還可以拿來吃喝玩樂，人生還有什麼比這樣的生活更有趣、更幸福的呢？可是事實上，很多家財萬貫的人從來不覺得吃喝玩樂是一件有趣和幸福的事。相反的，他們常投入義工行列，爲一些需要幫助的弱勢團體，做一些自己能夠做的事，幫助需要幫助的人。他們並不以擁有金山、銀山的錢財爲樂，而是爲了自己能夠幫助別人而感到快樂與滿足。

小朋友，你們認爲有趣的事又是什麼呢？

大家還記不記得很小的時候，下雨時，一看見街道上的小水漥便會跳過去，只要跳過水漥，就會覺得很有趣，然後還會一個接著一個的跳，覺得能夠跳過水漥就是件很棒的事。

慢慢長大後，對於許多事情會開始試著爲自己設定目標，像喜歡爬山的人一樣，下一次還要再挑戰更高的山。每次達到目標後，都會覺得非常雀躍，甚至覺得實在是太有趣了，下次還要挑戰更困難的。

現在的你，有沒有正在挑戰的事情呢？還是覺得每件事情都很難、很無聊呢？你要不要試著回想小時候在街道上跳小水漥的情景，每當你跳過一個小水漥時，就會想挑戰更大的水漥呢！

也許重複做同樣一件事情難免覺得無聊，但是，只要休息一段時間後，對於你覺得有趣的事情，一定還是會覺得有趣。尤其如果你設定了一些要向自己挑戰的目標，那麼便會重新燃起鬥志。當然，設定目標不可操之過急，只要按部就班，今天比昨天進步就可以了。千萬不要好高騖遠的把目標設定得太難，把自己搞得灰頭土臉的，一下子就喪失了自信心。

你現在還會覺得「大家本來就很懶惰」嗎？其實正確的說法應該是「大家都是一樣的，每天都在挑戰許多事情，並且重複著失敗與成功的經驗，當然難免會有氣餒的時候，這時便會覺得提不起勁，但只要休息一段時間，就可再面對挑戰了。」當然，如果挑戰成功，代表自己的能力又向前邁進一大步，就會是最快樂的一件事了。

現在你明白了嗎？人絕對不是懶惰的動物，只是需要短暫的休息。休息夠了以後，選定一個適合自己的目標，再挑戰看看吧！

◆達成目標，是挑戰下一個目標的能量來源

小孩子大多充滿活力並且精力充沛，因此很少會聽到孩子說「什麼事都不想做」。不過有些時候，他們難免因為操之過急而產生挫敗感。

因此，我曾經提出所謂的「向山型算數」。主要的做法是，在孩子算錯的算數題上打一個小小的「×」，便會激發孩子的挑戰心，希望把「×」號都變成「○」。

但是，許多老師卻持相反的看法，他們認為「×」會打擊孩子的信心。其實孩子並沒有老師們想像的那麼脆弱，小小的挫敗感反而會激發他們前進的動力。而且，不要忘記了，孩子天生就充滿好奇心，有向任何事情挑戰的天性。因此，愈困難的事情，他們愈是充滿鬥志的想要挑戰看看。

大人要相信孩子的能力，不論他們做什麼事情，只要是在安全與合理的範圍內，都應該讓他們向自我挑戰、充分發揮自我，並不須要太擔心。

第32話 肥胖的原因

當孩子太胖時……

★★

人類到底可以多胖呢？世界上最胖的人是一名男性，他的體重超過四百公斤。甚至有文獻記載，人類曾經出現最胖的男性爲六百三十五公斤，女性則爲四百一十三公斤。

六百三十五公斤有多重呢？日本相撲界的選手元大關在還沒退休前，最重時曾達到兩百七十五公斤。也就是說，該名六百三十五公斤的男性是兩個以上的元大關。可以想見如此龐大的身軀，恐怕日常生活上會處處充滿困難和不便，甚至連起床都需要數個彪形大漢把他拉起來，家裡的床、椅子和門也都要重新訂做。

你有沒有想過一個人爲什麼會肥胖？肥胖的原因到底是什麼？

吃太多當然是最重要的原因，但並不是唯一的原因。在這裡，我們要告訴大家七個讓人肥胖的原因，希望你們聽完後，回頭好好檢視自己日常的生活習慣是不是都有這七項會變胖的潛在問題。

第一項原因就是吃太多了。

你是不是每次打完球或讀完書後，就會覺得肚子很餓，於是便打開大包小包的零食吃個痛快。到了晚餐時，因爲飯菜好香，又不知不覺的吃了兩大碗。漸漸的，身體每天都攝取了過多的熱量，最後全部轉變成脂肪儲存在體內，結果就變成現在大家所說的小胖子了。千萬要記得，不要養成吃零食的習慣，因爲大多數的零食都不營養，但熱量卻很高。學著忍耐一下，正餐時再好好的享受吧！

第二項原因是吃宵夜。

你有沒有吃宵夜的習慣呢？很多時候，因爲零食吃太多了，晚餐沒有胃口，結果睡覺前覺得餓得受不了，便吃下一大碗泡麵，吃完後就上床睡覺了。由於睡覺時，身體對於吃下的泡麵無法代謝，又全部轉換成脂肪儲存在身體裡了。

第三項原因是運動不足，這也是肥胖的最重要原因。

「好冷，不想動。」「好累，不想動。」結果，假日時，整天坐在家裡看電視，或是坐在電腦前打一整天的電動玩具，連家門都沒有跨出一步。平常上學時，走到捷運站太累了，就算只有一站的車程，也要等公車；向來不喜歡爬樓梯，只坐電梯，於是在日常生活中幾乎沒有讓身體運動的機會，因此只要稍微吃得多一點，多餘的熱量由於無法代謝，全數轉換爲脂肪儲存於體內，不知不覺便胖起來了。

第四項原因是一天只吃兩餐。

「我好像胖了，早餐不能再吃了。」「早上睡太晚了，沒時間吃早餐了。」有這種生活習慣的人要注意，如果前一天晚餐之後到隔天中午前都沒有進食的話，身體會在你中午進食時，將中午所吃的東西全數轉換爲脂肪儲存起來，因爲你已經把三餐進食的生理時鐘打亂，造成身體的不安了。曾經有實驗證明，將同樣份量的食物分成兩餐進食的人，與分成三餐進食的人作比較，結果分成兩餐進食的人比較容易肥胖。

第五項原因是壓力。

有些人一旦覺得有壓力時，無論是傷心、生氣或緊張，都會從「吃東西」中尋找慰藉，讓心情變得好一點，結果便漸漸胖起來了。

第六項原因是吃太多的甜食。

許多人對甜的東西毫無克制力，舉凡巧克力、蛋糕、冰淇淋等，只要碰到這類甜食，便大口大口的吃個不停。又或者是非常喜歡吃水果，像是草莓、橘子、西瓜等甜的水果，也是毫無節制，但水果裡的果糖也是造成肥胖的物質。又或者有些人特別愛喝果汁、汽水、可樂、奶茶等含有大量砂糖的飲料。不論是哪一種，只要是含有糖的甜食，都是發胖的物質，身體都會將各種糖轉換為脂肪儲存於體內。

第七項原因是遺傳。

有些人遺傳自父母較容易肥胖的體質。有時吃相同的東西，有些人不會胖，有些人卻一直胖起來，這可能就要追究是否遺傳了父母容易肥胖的基因了。

以上七項原因，你有幾項呢？總之，肥胖絕對不是一天形成的，而是逐漸累積的。因此，如果現在有過胖問題的人，應該開始著手改善自己的生活習慣。改善生活習慣，是以維持身體健康為出發點，漸漸的便會瘦下來了，而不是擔心肥胖而胡亂減肥，若把身體弄壞，反而得不償失。因此，記得平日便要養成維持健康的良好生活習慣，自然而然就會健康的瘦下來了。

◆培養孩子正確的生活習慣，是父母的責任

雖然父母看到自己的小孩能吃能睡、活力充沛的樣子，都會非常的寬心與滿足。但如果最後卻養成孩子愛吃、愛睡卻不愛動的生活習慣，可就後悔莫及了。因此，父母平日要非常注意孩子的生活習慣。最好的方法是，儘早養成小朋友正常的作息與生活習慣。除了培養戶外運動的習慣之外，三餐也必須定時定量。現在學校大多數提供營養午餐，許多參加營養午餐的同學，由於熱量經過計算，加上午餐時間固定，較容易養成定時定量的習慣。往往是回家以後，較難掌握正常的作息與生活習慣，便在不知不覺中發胖了，所以家長們應該多留意這方面的問題。尤其是肥胖的孩子，較容易在運動方面產生逃避的傾向，更造成了惡性循環的結果。

除此之外，根據研究顯示，肥胖的孩子也容易有情緒上的問題。明明平常看起來開朗憨厚，給人「穩重」感覺的小胖子，不知道為什麼突然放聲大哭或是關在房間裡、廁所裡不出來，讓師長、家長全都手足無措。根據各方面的研究調查，是因為這些孩子的「飲食生活紊

亂」所引起。現代父母工作繁忙，因此，日本一所知名營養專門學校的校長便提出，家長應該親手做「一果汁、一湯汁」來補充孩子的營養。在此，我仍然要呼籲家長，孩子的健康是父母的責任。

第5章

預約一個

聰明健康的小孩

第33話

睡眠充足的好處

培養早睡早起的好習慣……

★

「爸爸、媽媽，晚安！」每天晚上八點左右，小雅跟爸爸、媽媽道過晚安後，便爬上自己的床、鑽進被窩裡睡覺去了。

今天晚上，讓我們去看看睡著後的小雅，在她的身體裡面會發生什麼事呢？不過，首先我們必須把身體變得很小才行，因爲我們要偷偷從小雅其中一個耳朵溜進去她的身體裡面，所以如果不把自己變得小一點，可是擠不進去的。那，要變多小呢？嗯……像螞蟻那麼小嗎？不夠、不夠，再小一點！那，像米粒那麼小？還是不夠小，再小一點！那，像沙子那麼小？對了，就是要像沙子那麼小。大家準備好了嗎？好了！那，要出發去探險囉！

◆

「這裡是哪裡啊？好暗喔！」

噓！這裡就是小雅的身體裡面，小雅的媽媽還在唸故事給她聽呢！等一下小雅就會睡著了，再等一下喔！

過了一會兒，小雅果然睡著了，媽媽幫小雅蓋好被子、關上燈後，就走出小雅的房間了。突然，小雅的身體裡面，有人說話了。

「好了！又要開始一天的工作了。我可是幫助我的小主人——小雅——長大，最偉大、最重要的成長賀爾蒙哥哥呢！只要小雅睡著一小時後，就是我開始工作的時間了。我的工作很忙碌，因為我要努力讓小主人的身體快快長大，這可是一件偉大的工作喔！可是要怎麼樣讓小主人的身體快快長大呢？當然就是努力指揮身體多製造一些『骨骼』和『肌肉』囉！好了，今天講太多話了，我得趕快去工作了。」

我們偷偷溜進小雅身體裡面等了四個小時後，到了晚上十二點鐘，才又聽到了另外一個準備開始工作的聲音。她是誰呢？

「大家晚安！我是快樂的麥拉寧姊姊，又要開始一天的工作了。做什麼呢？我可是幫助我的小主人——小雅，能夠每天都很開心的偉大工作者。如果哪一天我生病了，沒有辦法工作了，就會讓我的小主人變得很生氣、很不開心的過日子喔！當然，我還有一個神聖的工作，就是每天提醒我的小主人——『睡覺時間到囉！』『該起床囉！』現在，你們知道我的重要了吧？好了，我得去工作了，下次見囉！」

又過了兩個小時，也就是小雅睡著六個小時後的半夜兩點鐘時，又有人要開始工作了。他是誰呢？

「大家好！怎麼大家都跟我一樣，這麼晚了，精神還這麼好呢？你們知不知道是誰讓你們可以精神抖擻的讀書或精力旺盛的打球啊？沒錯，就是我們。我們就是精力充沛的腎上腺皮質素弟弟。我們是努力幫助小主人可以每天都很有精神的工作、遊戲的偉大工作者。你們每天可以高興的讀書、遊玩，就是因爲我們努力工作的結果呢！好了，現在我要開始一天的工作了，再見！」

這時候，小雅的房間外面傳來送報生的腳踏車聲音。原來，現在已經清晨四點鐘，天都快亮了呢！突然，小雅的身體裡又有人說話了。

「大家好，我是最溫柔的皮質醇妹妹。初次見面，請多多指教！我們是要幫助小主人醒過來的工作者，我們會在小主人的身體裡，輕聲的告訴她：『天快亮囉！該起床囉！今天又有好多事情要做，不要偷懶喔！』現在，我們快沒有時間了，要趕快去叫小主人起床囉！就這樣囉！再見！」

哇！天快亮了！我們也該回家囉！現在要努力從小雅的耳朵裡爬出來，然後再把自己變回來。走吧！走吧！

現在，大家都明白了吧！原來我們的身體有好多的工作，都是趁我們睡著的時候做。

所以，如果你們老是看電視看得很晚或打電動玩具打得很晚都不睡覺的話，身體裡偉大的成長賀爾蒙哥哥、快樂的麥拉寧姊姊、精力充沛的腎上腺皮質素弟弟和最溫柔的皮質醇妹妹就都沒有辦法工作了。如果他們一直沒有辦法工作的話，你們知不知道會怎麼樣呢？

到時候，我們的身體就沒有辦法製造更多的骨骼與肌肉，我們就長不大了。然後，也沒有辦法每天開心的生活，也沒有力氣和其他小朋友一起讀書、一起遊戲了。所以，小朋友們要記得，爲了要快快長大，開心的生活，精神飽滿的上學、遊戲，早上可以輕鬆的起床，大家一定要早睡早起喔！

◆睡眠充足是孩子成長的最重要關鍵

充足的睡眠對孩子來說是非常重要的，相信所有人都很清楚這一點。不過實際上能夠讓孩子做到早睡早起的家庭，可說是少之又少，尤其是小學低年級以前的小朋友，最佳的上床時間應該是晚上八點。如果放任孩子和大人一樣的作息時間，就會造成隔天孩子在學校裡精神不集中與體力不佳的狀況。

我們常常在學校裡看見哈欠連連的孩子，一問原因，答案常是：

「昨天晚上十點才和家人去餐廳吃宵夜，好好吃呢！」

「昨天晚上和叔叔打電動打到很晚，最後我贏了！」

「昨天晚上和阿姨一家人去唱歌，唱到好晚，好好玩喔！下次還要去。」

雖然一家人快樂的聚餐、唱歌，甚至是打電動，都是值得高興的事，但最好還是選擇假日的時間比較好，畢竟對成長中的孩子而言，沒有什麼比睡眠更重要的了。偶爾一、兩次也許無可厚非，不過平日大人還是應該盡力養成孩子早睡早起的生活習慣，嚴格要求他們就寢時間到了，就一定要上床。

畢竟讓孩子有充足的睡眠，算是養育孩子的第一要件。

第34話

不可思議的松果

希望孩子懂得愛惜大自然時……

★★

秋天的時候，你有沒有看過在公園或森林的草地上，常常有一顆顆小小的棕色果實呢？你有沒有注意過它們是從什麼樣的樹上掉下來的呢？

其實，這些小小的棕色果實叫做松果，是從長得高大結實的松樹上掉下來的。雖然，它們都叫做松果，但松果的種類總共約有二十種以上，這麼多種類的松果，外型和大小也都不一樣，如果要仔細分辨的話，會讓人看得眼花撩亂。

在日本，很久很久以前就有將松果當作食材的習慣。首先，人們會將松果去皮後在水裡煮一下，再將煮過的松果磨成粉，加入其他食材中，最後做成湯圓。由於松果的味道清香，做成的湯圓非常好吃，不論是大人或小孩都很愛吃。因此，人們都非常愛惜松果，同時也非常愛惜松果們的爸爸——松樹。

其實松樹不僅可以結成松果讓人們當作食物吃，松樹對於人類還有更重要的功能，就是松樹具有水土保持的作用。由於松樹的根能夠儲存大量水分，因此在山坡地上種植大量的松樹林，那麼即使雨季、暴風雨、颱風等天災來臨時，就不會因爲大量的雨水造成洪水，或因爲大量的雨水沖刷山坡地造成土石流而危害住在平地的居民了。因此大自然賜予我們可以大量儲水的松樹，讓我們可以避免洪水、土石流等天災的侵襲，是一件多麼不可思議的事情。

不過，松樹的功能還不僅止於此。同學們有沒有聽過「芬多精」？所謂的芬多精，就是樹木所散發出來的一種自然的香氣，這種香氣對人類的身體非常有益。因此，人們應該常常到森林裡走走，吸收樹木所散發的免費芬多精，幫助自己的身體更健康。

住在都市裡的人，如果無法經常到森林裡一遊，只要心裡想像自己正在做一場森林浴，讓自己的身體放鬆，也可以得到同樣的效果。眞是不可思議的事情吧！

當然，松果除了可以作爲食材之外，松果裡更藏有延續松樹命脈的重要種子，有趣的是，許多動物在吃下松果後，不知不覺間將松樹的種子排泄出來，而隨著動物的排泄物落到泥土上的松樹種子，不久之後又長成了一棵大樹。還有些動物會將松果深深的埋在土壤底下儲存，以備過冬。結果，許多被埋在土壤下、沒有吃完的松果，不久之後又冒出新芽，長成一棵新的松樹。也就是說，許多動物都在不知不覺中幫助松樹延續下一代。除此之外，人類也會大量種植松樹，以促進水土保持。

不過，松樹的生長並不像蔬菜等植物那麼快。如果秋天時將松果埋進土壤裡，土壤裡的松果也只會冒出一點點新芽，等度過了漫長的秋季和冬季後，到了春天，新芽才會長得更快一點，一年當中，松樹大約只會長個數十公分，一直要經過好幾年，我們才能看到一棵長得高大結實的松樹。

此外，松樹結成的松果也是許多可愛動物的主要食物來源。大家最知道的，例如松鼠，便是最愛吃松果，也最愛藏松果的動物之一。

大家應該多加探索大自然的各種神奇與奧祕，也應該愛惜大自然的一草一木，千萬不要辜負了大自然對我們的恩賜。

◆常常親近大自然，讓孩子自然而然的愛護大自然

家長們可以常常帶著孩子親近大自然，與孩子共同體驗大自然的神奇與奧祕。除了松樹所擁有的神奇自然力量之外，樹葉的光合作用——吐出氧氣以幫助地球平衡氣體的生態等等，都是大自然所擁有的不可思議的神奇力量。另外，大自然的美也處處充滿驚奇——雄偉壯觀的瀑布、美不勝收的鳥、豹、蝴蝶等等，都值得我們欣賞與珍惜。

只要多用點心，教導孩子多愛惜地球上的每一項資源，也許將來有一天，地球上的許多

問題便會被其中許多小小科學家們解決了。

第35話

廣場上的大石頭

希望孩子能夠自動自發時……

★

以下是發生在一個小鎮上的故事。

在一個鎮上，住著一位有智慧的鎮長。這位有智慧的鎮長覺得鎮上的居民們每天都忙於工作，彼此之間似乎沒有什麼來往，也互不關心，大家彷彿住在一個冷漠的小鎮裡。於是，他想了一個辦法，希望大家能夠變得更有親切感，對人能夠更體貼。

這一天，鎮長趁著居民都睡著以後，偷偷溜到小鎮的大廣場中央放了一顆大石頭。這個地方是鎮民們每天來來往往必經的地方。他看看四周，確定沒有人發現後，才又躡手躡腳的回家了。

隔天一早，有一個魚販急急忙忙要到市場賣魚。因爲抱著一大箱的魚，經過廣場中央時沒有看見鎮長昨天晚上偷偷放的大石頭，於是被絆了一下，連人帶魚的全都跌倒了。「是誰啊？放了這麼一塊大石頭在這裡，眞是危險！到底是哪個缺德鬼？」魚販爬起來氣急敗壞的大聲抱怨了幾句，然後就匆匆的撿起撒了一地的魚，急忙趕到市場去賣魚了。

過了一會兒，一群媽媽帶著孩子們來到廣場上玩捉迷藏。其中一個媽媽看到廣場上的大石頭，便扯開喉嚨對著孩子們高聲大喊：「孩子們，有沒有看見廣場上的大石頭啊！那裡很危險，不要過去，過來這裡玩吧！」於是，孩子們全都跑到廣場的另一邊玩了。

中午，有一位買完菜的大嬸，在回家途中經過廣場時，看見了廣場中央的大石頭，很驚訝的說：「誰放了這麼一顆大石頭在這裡啊？如果沒有注意到，不是很危險！」

於是，她搖了搖頭，便趕著回家做飯去了。

晚上，有一個喝得醉醺醺的大叔途經廣場中央時，被大石頭絆了一下，摔了個四腳朝天，他爬起身來破口大罵：「是哪一個缺德鬼放的石頭？不知道很危險嗎？要是讓我知道了，非把他揍得鼻青臉腫不可！哎呦！痛死我了！」罵完，他又搖搖晃晃的走開了。

接下來幾天，有好多人發現了廣場上的大石頭，也有好多人被大石頭絆倒，每個人都罵聲連連，但說也奇怪，卻從來沒有人想過要幫大家把危險的大石頭移開。

一個月之後，有一天，鎮長把大家集合到廣場前，告訴大家：「一個月前，大家有沒有發現廣場上突然多了一顆大石頭呢？」

聽了鎮長的話，眾人紛紛議論起來。

「當然有啦！是誰這麼缺德啊？」

「就是啊！我還看見有人絆倒了呢！」

「是誰做這麼危險的事啊？」

「一定是哪家的野孩子頑皮放的！」

於是鎮長又說話了。

「爲什麼沒有人要把它移開？」

聽了鎮長這麼說，大家一片靜默，說不出話來。

「其實這顆大石頭是我放的。」鎮長突然語出驚人的說。

「什麼？」

「開什麼玩笑？很危險呢！」

「眞的是鎮長放的嗎？爲什麼要這麼做？」

「鎮長到底在想什麼？不知道這麼做很危險嗎？」

鎮民們開始生氣的責怪鎮長。

於是，鎮長又繼續大聲說：「既然大家都知道放在廣場中央的大石頭很危險，爲什麼沒有一個人願意彎下腰，替大家把它移開呢？這樣，路過的人就不會發生危險了，不是嗎？」

聽到鎮長這樣說，大家又是一片靜默，無言以對。

於是，鎮長走到了大石頭邊，彎下腰來移開石頭。結果，石頭下面壓了一個信封。鎮長把信封打開，拿出一張紙，告訴大家：「這封信是我要寫給移開石頭的人的，可惜沒有一個人打開來看過。」

鎮長接著打開信，唸出了信中的話：「感謝您爲大家移開石頭，因爲您好心的幫忙，讓許多人不至於跌倒，相信大家一定都會非常感激您的！」

◆

大家在一起生活，平時就應該互相幫忙。有了大家的互相幫忙，生活才會更快樂、更幸福。即使沒有人知道你做的好事，但只要看到別人開心、幸福的樣子，也可以讓自己感覺更開心、更幸福！就像在家裡幫媽媽摺衣服、掃地，看到媽媽開心的模樣，你是不是也覺得很高興呢？在學校，幫大家把教室的紙屑撿起來，讓大家都能夠在乾淨的環境裡讀書，自己是不是也會覺得很乾淨、很開心、很幸福呢？

所以，從現在開始，多幫助別人，讓自己，也讓大家都更幸福、更快樂吧！

◆記得多向孩子表達感謝之意，那麼，孩子都會很樂意幫忙的

雖然本篇故事中的鎮長到最後都沒有等到幫忙移開石頭的人，不過，讓人欣慰的是，在學校的團體生活中，熱心助人的孩子倒是不少。

例如，早上一到學校，不用特別交代，就是會有幾個自動自發的好孩子會主動的幫忙把教室前後左右的窗戶全部打開來；看到同學的筆掉了，也會主動撿起來，詢問是誰掉的；不知是誰丟的垃圾，一下子就被不知名的同學幫忙拿到垃圾桶去丟掉了等等。

這樣的教養正反映出了小朋友的家庭教育。習慣幫忙家人的孩子，到了學校也會樂於助人。因此，平日可以依孩子的能力，請他們幫忙做一些簡單的事情。例如早上起床時，除了要求孩子把自己的被子疊好以外，還可以請孩子幫忙拉開客廳的窗簾；吃飯時，可以要求孩子幫忙把碗筷擺好等等，從日常生活中培養孩子參與幫忙做家事或整理外出行李的習慣，久而久之，便能培養出他們在團體生活中也會自動自發的參與及幫忙的習慣。

當然，不要忘記多向孩子表達感謝之意，這樣他們才會更樂意幫忙。如果是採用命令的方式，並且在孩子們幫忙後，因為做得不夠完善而加以責怪的話，只會讓他們不願再幫忙，

又因為他們好心幫忙的心意被抹煞，更會使他們對自動自發幫忙這件事興趣缺缺了。

第36話

看書讓我們的心靈更豐富

希望孩子愛看書時……

★★

你喜不喜歡看書呢？最喜歡看哪一類的書呢？是住在很遠很遠的國度裡的公主與魔女的神話？還是恐龍世界裡，恐龍大戰的故事？又或者是學校鬧鬼的故事最能吸引你？或者都不是，你喜歡跟著大偵探一起破案的故事？再或者，你喜歡和故事中的主角一起冒險的故事？也許，附有一大堆眞實動物圖片的書最能吸引你？

我相信你一定還看過更多更多，不只以上這些故事，對不對？

人類必須依靠空氣、食物及水才能夠生存。那麼，人類的心靈呢？我們要怎麼做，才能讓自己的心靈更豐富呢？當然，溫暖的家對於一個人的心是絕對必要的。擁有許多好朋友，也同樣能讓你的心更豐富、更溫暖。除此之外呢？如果只有自己一個人的時候，該怎麼樣讓自己的心不會覺得空虛、孤獨呢？這時候，書便是陪伴你最好的家人和朋友了。

看書，可以讓你周遊列國，不需要坐飛機、坐火車，大老遠的跑到一個地方去了解當地的情形，透過書的介紹，你就可以了解當地的風俗民情，知道什麼東西最有名、最好吃、最有趣。甚至你可以與故事裡的主角一起去恐龍世界冒險，書中會告訴你，會吃人的暴龍飛過來了，快跑、快跑……，讓你緊張得好像眞的要舉起腳來跟著一起跑似的。

或者，你會和故事裡被後母欺負的小女孩一起哭，和故事裡淘氣愛作弄人的小男孩一起笑，還有和擁有很多厲害魔法的女巫一起變、變、變……。甚至，如果你喜歡做勞作、喜歡做蛋糕，只要照著書上的步驟，一步一步跟著做，馬上就會有一個很棒的勞作、很好吃的蛋糕出現了。

也許你會說：「那跟電視有什麼不同？」

當然不同囉！看電視只是看影像，完全不須要用動腦筋去想像和思考，只是一個影像接著一個影像的看下去，而且看完了，過一陣子也就忘記了。但有趣的書卻可以讓你一看再看，每次都有不同的想像空間，今天你是公主、明天你是王子，今天你是後母、明天卻變成被欺負的小女孩……，甚至還可以邊看邊演呢！

看書時，你會不斷的看書上的文字與圖片，在這樣的閱讀過程中，腦子會有記憶與思考的動作，對大腦是一種鍛鍊。再加上重複不斷的發揮想像力，甚至是實際操作的創造力，如此不斷的運用大腦，可是比看電視時只需要用眼睛而不必動腦有趣幾千幾萬倍呢！

古人說：「三日不讀書，面目可憎」。一個不愛看書、不愛動腦的人，久而久之，看起來就不聰明、不可愛了。所以大家要記得多看書、多動腦，以增廣視野，也讓自己的心靈能夠因爲不斷學習、不斷感受而更豐富。

◆唸書給孩子聽，讓他用心去感受

在孩子還很小沒有閱讀能力的時候，爸爸媽媽便應該多讀些故事給他們聽，豐富他們的心靈。尤其是較小的孩子們，對於自己喜歡的故事總是百聽不膩，每回聽到同一段有趣的內容時，就會發現他們露出同樣雀躍的笑容，或甚至跟著模仿同樣一段文字，這是因為他們已經隨著故事的內容，充分發揮了想像力。你絕對猜不到他們小小的腦袋瓜裡，早就已經裝了比故事更有趣的畫面了。

從小便聽父母講故事的孩子，不但比較能夠養成注意聽人家說話的習慣，長大後也多半有愛看書的傾向。

在夜晚入睡前，為你的孩子們唸一篇故事吧！

第37話

哭泣的腳踏車

想要改正孩子的三分鐘熱度時……

翔翔想要一輛腳踏車已經很久了，但是爸爸媽媽的答案都是「不行」！

「爲什麼不行嘛？」翔翔每次都嘟著嘴問。

「因爲太危險了！」

過了一陣子，翔翔又問爸爸媽媽：「我已經長大啦！爲什麼還不買腳踏車給我呢？」

「因爲我們沒有多餘的錢幫你買腳踏車！」

爲什麼爸爸媽媽每次總是有理由拒絕我？翔翔心裡想著。

但是翔翔仍然不死心。過了一陣子，翔翔又問爸爸媽媽：「我們存夠錢買腳踏車了嗎？」

「就算買了，你也一定不會愛惜的！一輛腳踏車那麼貴。」爸爸說。

「我一定會愛惜的！我一定會愛惜的！」翔翔懇求著。

拗不過翔翔的哀求，爸爸媽媽用存了好久的錢買了一輛看起來非常炫的銀白色腳踏車送給翔翔。

在爸爸媽媽的告誡下，翔翔將腳踏車騎到街上去玩時，都非常小心的遵守交通規則，不但記得要將腳踏車靠右邊騎，也不亂闖紅燈，更非常注意自己的安全，不隨便搭載別的小朋友。因此，爸爸媽媽也才終於放下心，讓翔翔隨時可以騎著心愛的腳踏車到街上玩。

翔翔知道爸爸媽媽是因爲愛自己，才幫自己買腳踏車的。因爲平時他常常看到爸爸媽媽表情嚴肅的提到什麼「經濟不景氣」、「通貨膨脹」等，雖然他聽不懂是什麼意思，但大概知道是錢的問題。尤其是爸爸曾經提到擔心公司的情形，媽媽也抱怨東西愈來愈貴，因此，他心裡非常清楚，絕對不是可以亂買東西。所以，自從買了腳踏車以後，翔翔即使看到了最愛吃的巧克力，也不會隨便吵著說：「我要吃巧克力！」或者看到同學們買了最新的機械戰士，也不會回家跟爸爸媽媽說：「我也要買最新的機械戰士！」甚至是買連載漫畫的錢也都省了下來，只跟同學借來看。爸爸媽媽也都察覺到了翔翔的這些變化，心裡非常高興：「我們家的翔翔長大了。」

除此之外，翔翔非常愛惜自己期盼已久的腳踏車，每天從街道上騎完腳踏車回來，一定會把腳踏車擦得乾乾淨淨的，從手把、座椅、鐵桿到所有的零件，每一個地方都會擦到，甚至還會幫齒輪上的鐵鍊上一層機油。每次整理完腳踏車後，腳踏車上的銀邊都會閃閃發亮，和新買來的時候一模一樣。下雨時，翔翔就會趕緊把停在外面的腳踏車套上雨套，免得被雨淋壞了。

但是，過了一個月，翔翔騎完腳踏車後，不再像剛開始會把腳踏車全部仔細的擦拭一遍，只會把比較髒的地方隨便擦兩下，而且過了好一陣子才幫腳踏車上機油。其實，腳踏車的機油，一個星期只要上一次就夠了，但翔翔已經開始覺得整理腳踏車是一件很麻煩的事情，於是，從原來每天都整理腳踏車，變成一個星期才整理一次。

又過了一個月，翔翔不但已經沒有幫腳踏車上機油了，甚至腳踏車上已經開始堆積一些污垢，原來閃閃發亮的銀邊也快看不到了，但是翔翔卻要拖上好一陣子，才要幫腳踏車做保養和整理。

到了第三個月，翔翔心愛的腳踏車已經破舊不堪了。翔翔看了看腳踏車，告訴自己，原來腳踏車這麼快就變舊了，這是沒有辦法的事。就算每天都擦，總有一天也會變得像現在這麼舊，又何必白費力氣呢！

於是，翔翔從每天整理腳踏車，變成一星期整理一次，再變成兩、三個星期整理一次，到現在已經過了半年，翔翔已經完全不整理腳踏車了。即使下雨，也不再急急忙忙的幫腳踏車套上雨套，而是任由腳踏車遭受風吹雨打。

「翔翔，最近都沒有看你在整理腳踏車喔！」

翔翔心想：「完蛋了！一定要挨罵了！」

結果，爸爸卻只是說：「那天下雨時，我看到你心愛的腳踏車在外面淋雨，好像很慘的樣子。」

「我忘記蓋雨套了，下次一定會記得蓋的啦！」

「可是，我感覺腳踏車好像哭得很慘，全身被雨淋得又濕又冷的。腳踏車心裡一定在想，我的小主人怎麼突然不愛我了，不但不再幫我擦乾淨、上機油，現在還把我丟在大雨中淋雨，我好可憐喔！」

聽了爸爸的話，翔翔這才想起那是自己最心愛的腳踏車，但最近怎麼都不愛惜它了呢？它可是自己期盼好久才買到的，也是爸爸媽媽存了好久的錢才買的，如果壞掉了，絕對沒有第二輛了，到時候怎麼辦？一定再也不能騎腳踏車到街上去玩了。

於是，翔翔趕快拿了抹布、機油，用力認眞的擦拭腳踏車，直到腳踏車上的銀色邊又閃閃發亮起來。接著，翔翔又幫腳踏車上了機油。全部做好後，翔翔驚訝的發現：「原來還很新呢！」

從此，他又開始每天把心愛的腳踏車擦得光亮如新，然後很拉風的，騎著腳踏車到街上去玩了。

◆責怪小孩時要注意說話的技巧

大部分的孩子都犯有三分鐘熱度的毛病。本篇故事中的主角翔翔，其實是一個非常體貼父母的好孩子，而父母也注意到這一點了。因此，雖然在經濟情況不佳的情況下，還是買了腳踏車送給他。後來又看到他三分鐘熱度，不懂珍惜，但也不忍心責怪，而是用「你心愛的腳踏車在哭泣」這樣的話，提醒孩子要珍惜得來不易的東西，而孩子也完全領會到爸爸話中的涵義了。

因此，責怪孩子時，說話的技巧非常重要。我們經常可以看到親子間劍拔弩張的場面，這是因為孩子所聽到的都是一些傷害他自尊的話，為了保護自己，自然會拚命的辯駁，這種反射性的行為更惹得父母火冒三丈，於是，父母想要告訴孩子的話，孩子完全沒有得到訊息，親子間的隔閡卻又加深了一層。

而且父母要注意的是，你用什麼樣的方法和孩子溝通，孩子就會學習你跟他溝通的模式來跟別人溝通。也許你會說，我不會用教小孩的態度跟別人相處，不過孩子並無法分辨其中的差別，到了外面，孩子看到不滿意的事情時，可能也只會學著你提高嗓子、破口大罵他時的樣子而已。因此，請家長們要耐住性子，將你在職場上的高ＥＱ——如何理性的與別人溝通——傳授給自己的孩子吧！

第38話

不聽從命令的船伕

希望孩子能夠鼓起勇氣說實話時……

★★

你知道說實話的重要嗎？許多時候，如果你沒有勇氣說出實話，可能會連累到大家的性命安全呢！下面就是這樣一篇故事，讓我們一起聽下去吧！

很久很久以前，在一條江上，有一位技術很好的船伕。船伕每天都要划許多次的船，將許多想渡江的旅客安全送到江的對岸去。由於當時並不像現在，只要在江上搭建一座橋，大家便可以從橋上到江的另外一頭。因此這條江上，除了這位船伕外，還可以看到許多其他的渡船及船伕。

那麼，爲什麼只有這位船伕被大家認爲是技術最好的呢？原來，他不但能夠把船划得既平穩又快速，還能夠準確的預測江上的天氣。由於當時的渡船設備都非常簡陋，也不安全，只要江上稍微颳風、下雨，渡船就有面臨翻船或沉船的危險，因此，每次出船前，大家都會跑來問問這位船伕，江上的天氣如何。

有一天，皇上突然因爲緊急的事情，非要渡船到江的對岸不可，於是大臣們便找來這位船伕幫皇上划船渡江。皇上上船後告訴他：「你可要划快一點，我有非常緊急的事，非趕緊渡江不可。」

其他的大臣們也紛紛交代船伕一定要划快一點。

「我只是做平常該做的事罷了！」船伕一邊想著，一邊划船。

結果，當船划到江的三分之一路途時，船伕突然停下船說：「糟了，天氣突然變壞了，我們得趕快把船划回去。」

說著，便開始把船調頭，往剛才來的方向用力的划回去。

「什麼?你說什麼?天氣這麼好，哪裡變天了呢?你不要胡說，快幫我渡江。」

不過船伕似乎完全不理會皇上的話，繼續將船划回去。這時，船上所有人都緊張的看著天空，覺得天空晴朗得看不到一片雲，怎麼也看不出有變天的跡象。

這時，船伕非常堅定的說：「不是的，已經起風了，過不了多久，江上就會開始颳大風、下大雨了。」

皇上仍然非常生氣的說：「趕快把船划到江的對岸去，我可是有非常緊急的事！」

船伕也堅持的告訴皇上：「恐怕大家都會死在江上，再也沒有緊急的事需要處理了！」

皇上聽到船伕居然完全不聽從自己的命令，還詛咒大家會死在江上，便生氣的說：「你竟然敢這樣跟我說話，我可是皇上！要是等一下江上沒有颳大風、下大雨，我一定要你的人頭！」

船伕完全無動於衷，只是繼續努力的把船划回剛才來的地方。終於回到了岸上，皇上看著沒有降下一滴雨的天空說：「你看，完全沒有一滴雨，來人啊……」

皇上話還沒說完，突然天空一道閃電，接著又是一聲打雷的轟天巨響，大家都嚇得趕緊躲到附近的房舍裡。不久，天空開始烏雲密布，下起了傾盆大雨。

這時房舍裡的每個人看著江上的大風大浪及湍急的江水：

「幸好我們及時趕回來了，好險啊！」

「對啊！這麼大的風浪、這麼湍急的水，一定會翻船的。」

「就是啊！到時候不知道會被沖到哪裡去呢！」

「這都要感謝那位船伕的冒死諫言呢！」

「就是啊！就是啊！」

大家你一言我一語的，慶幸自己能夠及時趕回岸上，如果大家現在都還在江上的話，這麼大的風浪，不僅會翻船，恐怕連小命也難保了。

此時皇上也正坐在房舍的一個角落，驚魂未定的看著江上。

◆培養孩子豐富的經驗及獨立的思考能力

這篇文章正隱喻了所謂的「萬貫家財，不若一技在身」。一位專業人士能夠毫無懼色的在一個家財萬貫的大老闆面前侃侃而談，倚恃的正是對自己專業的自信，以及老闆對專業的尊重。

當然，本篇故事的背景也許並不是一個尊重專業的時代，但對於自己多年經驗很有信心的船伕，卻仍然能夠毫無畏懼的相信自己專業的判斷，最後並救了大家的性命。

當然，也許孩子們離培養專業的路還有一段距離，但平時即應該多培養他們各種生活經驗，讓他們能夠依循自己的經驗，相信自己的判斷，並從中培養自信。

尤其是他們在學習各種事物時，父母更應該多從旁稱讚與鼓勵——「你畫得愈來愈棒了！」「今天講話很有精神喔！」「現在都會幫忙做家事了！」讓孩子們了解什麼事情是對的，因而讓孩子們對自己所做的事充滿自信。

也許培養一個不屈服於權勢、不人云亦云的孩子，並不是一件簡單的事。但就從每一件生活的細節開始，一點一點的告訴孩子們什麼事情是對的、什麼事情是錯的、什麼事是真正有意義的、什麼東西是真正有價值的，慢慢培養孩子判斷是非善惡與獨立思考的能力。如果孩子有明確依歸的準則，那麼不管做什麼事，都將能顯現出自信。

第39話

小蜜蜂力量大

想要告訴孩子力量與力氣的差別時……

★

從前，在一個村莊裡，住著一個男孩叫做裕太。裕太每天一大早就會到田裡去種馬鈴薯，辛苦的為還沒有長大的馬鈴薯除草、澆水，只盼望馬鈴薯們能夠快快長大。

有一天，裕太又起了個大早，打算到田裡為馬鈴薯澆水。沒想到一到田裡，卻看見一頭大水牛低著頭，大口大口的吃著他辛苦栽種的馬鈴薯。

這時的裕太不知該如何是好，只好開口苦苦哀求大水牛：「水牛先生、水牛先生，這些可是我辛苦栽種的馬鈴薯，請你去吃別的東西吧，不要吃我的馬鈴薯啊！」

大水牛抬起頭來看了裕太一眼，把一大口的馬鈴薯吞下肚後，又繼續低下頭吃著好吃的馬鈴薯。

這時，田裡好心的火雞來了。

「可惡的大水牛！裕太，不要怕，我幫你把他趕走。」說完，火雞張起大大的翅膀，作勢要啄大水牛。大水牛一回頭，用頭上的大角把火雞趕跑了。

裕太著急的站在一旁，看著大水牛又繼續低頭吃著馬鈴薯。這時，村莊裡的大黃狗來了。

「可惡的大水牛！裕太，不要怕，我幫你把他趕走。」說完，大黃狗惡狠狠的吠了幾聲。大水牛一回頭，又用頭上的大角把大黃狗趕跑了。

裕太只好著急的站在一旁，看著大水牛繼續低頭吃著馬鈴薯。這時，住在山裡的大黑熊來了。

「可惡的大水牛！裕太，不要怕，我幫你把他趕走。」大黑熊站起身來，發出一陣陣低沉的吼聲。大水牛一回頭，用頭上的大角又把大黑熊趕跑了。

這時的裕太看見強壯的大黑熊也被大水牛趕跑了，不禁跌坐在地上，傷心的哭了起來。哭了一會兒，裕太的耳邊突然響起了嗡嗡嗡的聲音，原來是小蜜蜂飛過來了。

「可惡的大水牛！裕太，不要哭，我幫你把他趕走。」

裕太哭著告訴小蜜蜂：「沒有用的啦！剛才火雞、大黃狗，就連強壯的大黑熊，都被大水牛趕跑了。沒有用的啦！」說完，裕太又繼續傷心的哭著。

這時，小蜜蜂突然嗡嗡嗡的衝向大水牛。裕太緊張的抬起頭來看著小蜜蜂，而大水牛仍然津津有味的吃著馬鈴薯，完全沒有注意到小蜜蜂的存在。

結果，只見大水牛突然慘叫一聲，回頭想要用頭上的大角趕跑什麼東西似的，但卻完全看不見飛來飛去的小蜜蜂。這時小蜜蜂又飛到大水牛的後面，對準大水牛的屁股又是一陣亂刺。大水牛痛得哇哇大叫，這一次，他已經無暇再用頭上的大角趕跑任何東西，只是沒命的衝出了田裡，頭也不回的逃離小蜜蜂了。

裕太喜出望外的擦了擦眼淚，不斷的向小蜜蜂道謝。

◆

你有沒有覺得很有趣呢？小蜜蜂竟然能夠戰勝連火雞、大黃狗、大黑熊都無法戰勝的大水牛！所以，雖然只是一隻小小的蜜蜂，卻擁有無比的力量。因此，下次碰到任何困難時，只要動動腦筋或拿出勇氣，發揮自己的力量，很多事情便可以解決了。就像勇敢的小蜜蜂，運用自己的智慧與勇氣，最後也打敗了大水牛。

◆告訴孩子「人小志氣高」的道理

看到本篇故事最後的結局，就連大人們也覺得拍案叫絕吧！無論如何，這種小蝦米對抗大鯨魚的劇情總是特別引人入勝，尤其是在小蝦米戰勝大鯨魚的那一刻，更是讓人覺得驚喜不已，小東西竟然也能夠擁有如此大的力量。

本篇故事也掌握了重複出現的劇情，讓孩子猜想一個接著一個登場的動物是否能夠打敗大水牛，這樣的劇情正好可以訓練孩子的想像力、理解力與整合能力。家長可以一邊說，一邊詢問孩子各種動物的特徵與能力，並讓他們猜想結果會是如何，最後再告訴他們「人小志氣高」的道理。

第40話

心靈的一盞燈

希望孩子能夠運用智慧時……

★★★

你有沒有想過，人類最偉大的力量是什麼？

人類從遠古時期的五百年前，與黑猩猩從共同的祖先分別演進以後，現在，人類與黑猩猩最大的不同又是什麼呢？如果光從人類與黑猩猩所擁有的三萬兩千個遺傳因子來展開解讀，其實人類與黑猩猩的遺傳因子只有百分之一．二三的差異。

也就是說，從遺傳因子的角度來看，即使經過了幾百年的演進結果，人類與黑猩猩之間仍然擁有百分之九十九的相同之處。但人類與黑猩猩卻已經長成完全不同的樣子，也過著完全不同的生活，這又是為什麼呢？

答案是，在人類的遺傳因子中，存有黑猩猩所沒有的「智慧遺傳因子」。目前人類也針對了這樣的遺傳因子，著手各種相關的實驗與研究。

那麼，所謂智慧遺傳因子又是什麼呢？人類是否充分運用了這種智慧遺傳因子呢？就讓我們一起從以下這所小學學生的一些日常活動中一探究竟吧！

◆

現在是下課時間，有一群同學正在玩象棋。看得出來有人玩得很好，有人卻托著腦袋，百思不得其解的樣子。無論如何，大家都正在運用著智慧遺傳因子呢！

另外有一群同學正在學校的籃球場上廝殺，有人跑得快、有人跳得高，但大家都正想辦法搶到球以後，看看如何才能射籃得分，這些人也都正在運用著人類特有的智慧遺傳因子。其中，最重要的是，大家懂得組成一隊，互助合作，而不是一個人拿著球，一個人射籃得分——「快！快！你站這裡、他站那裡」「你防守他」「你搶籃板」——除此之外，大家還懂得戰術運用。不錯，在這裡，大家也都充分運用了人類特有的智慧遺傳因子。

到了下午的打掃時間，有些同學做完了自己的工作後便站在走廊上聊起天來，有些同學則幫忙其他還沒有做完的同學，希望能夠讓教室更清爽、更乾淨一點。

那麼，你們覺得哪一種人充分發揮了人類的智慧遺傳因子呢？當然是幫忙其他人打掃的同學們囉！理由是，人類就是因爲能夠自己思考，並能自動自發的行動，才更能顯現出人類智慧遺傳因子的偉大。

接下來，到了上課時間，大家都非常努力的跟著老師學習。人類從學習當中了解了許多事情，得到了更多的智慧，並滿足了許多的好奇心。然後，下次又有新奇的發現時，又促使人類再研究、再學習，而人類的智慧遺傳因子便因此獲得充分的運用與磨練，也因而更加演進。

原來，人類的智慧遺傳因子被廣泛運用在日常生活中，是人類最不可忽視的、最偉大的力量。那麼，人類該在什麼時候運用它們呢？

這就要看人類的心了。人類的所有行動一直都是跟著自己的「心」走的。當你愛你的家人、寵物、一件名貴的衣服、一個很便宜的好朋友送的禮物，你會如何對待它們，完全要看你的「心」是怎麼想的了。

當你傷心時，你會去打球？找好朋友傾吐？關起門來大哭一場？這也完全看你的「心」告訴你，你想怎麼做。也許你會遺傳父親堅強的個性、母親溫柔的個性，甚至是祖父的勇敢、祖母的親切……，但當一切加在一起時，你可以學會更堅強、更溫柔、更勇敢、更親切，然後就變成一個你，一個全新的你。

這時，你的心會告訴你，現在你要做什麼？將來你要做什麼？面對困難時，你該做什麼？碰到挫折時，你該做什麼？家人歡聚時，你該做什麼？朋友有難時，你該做什麼？……。就這樣，在這麼多的時候，你要用心聽聽自己的「心」在說什麼，然後，好好運用祖先遺傳給你、加上自己不斷磨練的人類特有的智慧遺傳因子，再聽聽你的「心」告訴你該怎麼做，讓自己眞正成爲一個有智慧、有愛心的人。如此，才不枉祖先遺留給我們每一個人特有的、珍貴的智慧遺傳因子了。

◆要孩子點亮心靈的那一盞燈以前，要先充分為他們充電

近世紀，由於人類對於遺傳因子的研究有了突破性的發展，因此也一一揭開了人類許多神祕的面紗，而人類與其他動物最大的不同，便是因為人類擁有別的動物所沒有的智慧遺傳因子。但智慧的運用，如果沒有一顆「善良的心」，對於人類而言，到頭來可能是浩劫一

場。因此，在教導孩子累積智慧與運用智慧時，要充分發揮人類善良的一面。

在學校的用餐時間，有一位男同學和女同學同時走向裝湯的大鍋子旁，準備為自己盛一碗香噴噴的湯。這時，男同學示意女同學先盛，並幫女同學遞上了碗。接下來，兩人同時發現鍋子裡的湯只剩下一點點了。於是，男同學又幫女同學把鍋子扶著、傾向另一邊，女同學說了聲「謝謝」後，很快的把湯盛好。盛完湯之後，女同學問男同學：「需要我幫你盛嗎？」男同學說：「沒關係，我自己來。」於是，女同學把自己的湯先暫時放到一邊，幫男同學把鍋子扶起來，傾向一邊，讓男同學也能夠順利的舀湯。

我常常在想，人類到底擁有什麼樣的智慧遺傳因子，可以讓兩個孩子像這樣彼此互相幫忙？孩子遺傳了來自父母與祖先所有的智慧遺傳因子，就從日常生活中開始，一點一滴的幫助孩子開啓與鍛鍊他們所有的智慧遺傳因子吧！

結語

從我懂事以來，「爲人師表」一直是我的第一志願。感謝皇天不負苦心人，幸運地，我竟也已經爲人師表數十載。在這數十年的時間裡，每天每天，我都可以接觸到許許多多不同的孩子；每天每天，我也總是接收著一個個不同的喜悅與感動。

看著動作不純熟卻努力打掃落葉的孩子，看著不怕烈陽，在球場上和同學們廝殺的孩子，看著一進教室便低頭振筆疾書的孩子，看著一個又一個稚嫩的小男孩與小女孩走進學校，又看著一個又一個長成少男、少女的堅強背影離開學校，他們每一個都是父母的寶貝，也將會成爲國家的棟樑。

在小學的養成階段裡，最重要的便是對於他們智慧的磨練——是非善惡、道德價值的培養，而孩子最喜歡、也是對孩子最有效的方法，便是講故事了。常常在教室裡，只要老師說一聲：「今天老師要跟大家講一個故事……」時，全班頓時鴉雀無聲，每個人都睜大眼睛盯著台前的老師，屏息以待會是什麼樣的故事情節。

即使是學齡前的孩子，睡前也常常會自己跑到書架前，拿出那本最愛聽的故事書，要你一遍又一遍地唸給他聽，不管已經聽過多少遍，卻總是百聽不厭。常常即使故事書早已經被翻爛了，但只要講到同一個精采的地方，小朋友仍然會「呵呵呵」地笑個不停。

這，便是故事神奇的魔法。孩子在聽故事的同時，也不斷地在發揮他們的想像力。不僅如此，聽故事還能增進孩子的語彙能力。除此之外，他們會有一個或是堅強、或是善良、或是勇敢、或是活潑、或是快樂的故事主人翁，可以作為他們模仿的對象。透過父母的解說，孩子除了慢慢學會了分辨是非善惡，也可以學習到父母所重視的道德與價值準則——「喜歡作弄人的小孩很不應該！」「這個故事裡的小男孩好勇敢喔！眞棒！」「大家一起分工合作做蛋糕，又快又有趣！」……每天，每天，孩子都可以在你為他們說的故事裡，在你所解說的一套價值體系裡，一點一點地成長。

我也是以監修者向山洋一先生為首的教育研究團體TOSS（Teacher's Organization of Skill Sharing）的一員，每個月也會在家裡舉辦教師學習會，而我們的小小教師學習會就叫做BLUE LIGHT。本書便是BLUE LIGHT的成員們，在蒐集了許多的資料後，所精心撰寫的故事和文章，是一本希望家長能夠親自唸給孩子聽的故事集。在執筆的同時，我們也學習到了許多。在此要特別感謝PHP櫻井濟德先生的不吝指教，以及各方傾力的協助，在此一併致上十二萬分的謝意。

TOSS中央事務局・BLUE LIGHT代表　師尾　喜代子

國家圖書館出版品預行編目資料

一天一故事教出好孩子 / 師尾喜代子作；
李幸娟譯. — 初版. – –臺北縣新店市 ：
世茂, 2010.03

面； 公分.（婦幼館系列；112）

ISBN 978-986-6363-32-0（平裝）

1. 親職教育　2. 子女教育　3. 通俗作品

528.2　　　　98021890

婦幼館 112

一天一故事教出好孩子

編　　著／師尾喜代子
譯　　者／李幸娟
主　　編／簡玉芬
責任編輯／謝翠鈺
封面設計／江依玶
出 版 者／世茂出版有限公司
負 責 人／簡泰雄
登 記 證／局版臺省業字第564號
地　　址／(231)台北縣新店市民生路19號5樓
電　　話／(02)2218-3277
傳　　真／(02)2218-3239（訂書專線）、(02)2218-7539
劃撥帳號／19911841
戶　　名／世茂出版有限公司
單次郵購總金額未滿500元（含），請加50元掛號費
酷 書 網／www.coolbooks.com.tw
製　　版／辰皓國際出版製作有限公司
印　　刷／長紅彩色印刷公司
初版一刷／2010年3月

定　　價／240元

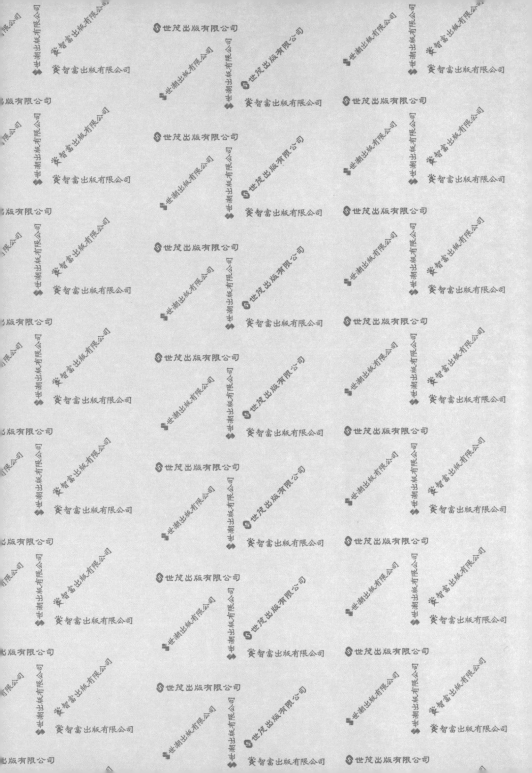